U0174959

5G品牌营销

柳家俊 

 中国商业出版社

图书在版编目（CIP）数据

5G 品牌营销 / 柳家俊著 . -- 北京 : 中国商业出版社 , 2021.10

ISBN 978-7-5208-1098-2

Ⅰ . ① 5… Ⅱ . ①柳… Ⅲ . ①无线电通信—移动通信—通信技术 Ⅳ . ① TN929.5

中国版本图书馆 CIP 数据核字（2019）第 289850 号

责任编辑：刘万庆

中国商业出版社出版发行
010-63180647 www.c-cbook.com
（100053 北京广安门内报国寺 1 号）
新华书店经销
香河县宏润印刷有限公司印刷
*
710 毫米 ×1000 毫米 16 开 12.5 印张 185 千字
2021 年 10 月第 1 版 2021 年 10 月第 1 次印刷
定价：58.00 元
* * * *
（如有印装质量问题可更换）

前 言

近几年，世界各主要工业国家纷纷推出“数字化转型”，这也是5G时代发展的重要标志。

之所以会出现数字化转型浪潮，不仅在于人工智能、云计算、机器人等新技术的拉动，还在于企业内在压力的驱动。在产能过剩、老龄化严重、商业模式老化、全球化竞争日趋严重等大环境下，企业遇到了巨大的压力与挑战，需要通过自动化、数字化、网络化和智能化等手段积极应对，以此来降本提质增效，提高企业竞争力。

无论是工业4.0、智能制造，还是数字化转型，企业都要清醒地认识到：这是在新技术背景下突出重围的一种转型，既是一个发展问题，更是一种生存问题。在数字化转型的路上，任何人都不是旁观者，只有众多陆续的掉队者。对于企业来说，只有提高对5G的认识，统一认知，解放思想，齐心协力，才能抓住机遇，促进企业的更好发展。

目前，世界正经历百年未有之大变局，新一轮科技革命和产业变革已经获得巨大发展。无论是“十四五”规划和2035年远景目标纲要提出的“迎接数字时代，激活数据要素潜能，推进网络强国建设，加快建设数字经济、数字社会、数字政府，以数字化转型整体驱动生产方式、生活方式和治理方式变革”，还是政府工作报告强调的“加快数字化发展，打造数字经济新优势，协同推进数字产业化和产业数字化转型，加快数字社会建设步伐，提高数字政府建设水平，营造良好数字生态，建设数字中国”，都凸显了数字化转型的必要性，而这也是5G时代企业的重要任务。

那么，究竟什么是数字化转型呢？数字化转型的核心要义是，将适应物质经济、规模经济的生产力和生产关系转变为适应数字经济、范围经济的生产力和生产关系，为了提高竞争力，企业就要加大力度，加快构建适应数字经济时代发展要求的新型生产体系。

数字化，可以帮助人们更加清晰有效地认识世界，将各类问题更好地解决掉，保证任务的更好执行。此外，数字化还能把人的工作变成“机器”的工作，把所有的管理问题都消除掉。从这种意义上来说，数字化的内涵之一，就是让机器代替人力。因此，对于企业来说，从管理角度来看问题更重要：管理是企业的短板，只有将企业管理好，才能获得全面的“多快好省”。

5G时代的到来，让大数据的运用变得更加宽广；大数据的运用，反过来又推动了企业的数字化转型。企业数字化的转型，是信息化向智能化发展的过程，其成功的标志是智能化。企业只有积极实现数字化转型，才能将大数据等新科技充分利用起来，利用大数据，分享大数据，跟上5G时代的步伐。

5G在各种场景中的创新应用涉及“5G+视频直播”、智慧医疗、智能机器人、远程教育等。如今，我国已经密集出台了5G等“新基建”相关政策，全国各地也掀起了一股新基建建设热潮，这些都加快了5G的落地速度。

5G的到来，必然会全面重塑商业生态，开启各行各业的数字化浪潮，营销业也会发生翻天覆地的变化。在全新的营销生态中，品牌经营模式、媒体格局、营销规则等，都将被重构，5G也会成为新的基础生产力，激发出智能营销与效率革命的无限可能。

5G时代，大数据等技术会变得越来越强大，为品牌营销带来新的生产力，推动营销智能化与效率革命。并且，在数据与技术的赋能下，品牌还有机会实现从人群画像、用户洞察、需求识别，到精准触达、转化承接、数据资产沉淀、价值评估等全链路智能化，全面提高营销效率。

5G本质是一场技术底层革命，实现了品牌营销工具的革命升级，缩短了品牌内容与用户之间的距离。品牌主导下的新消费市场，必然会随着该技术的大规模应用，快速到来。

本书以顾客为中心的营销理念宗旨，从品牌的构成、建立、宣传、维持、创新等方面分析如何进行品牌营销，并从营销模式及渠道、大数据时代新零售品牌运营视角，结合当今成功范例，详细概述5G下的新零售时代品牌运营的现状、过程、意识、思维和创意等，为大数据背景下的新零售时代的品牌运营带来了很有借鉴性的启示、策略和战术。

目 录

第四章

助推市场反应增速，促进新经济模式革命

第五章

系统分析与优化算法，实现规模化精准匹配

第六章

基于智能化创新，突破传统营销模式

第七章

全场景体验，全面开启更广阔的体验空间

第八章

内容为王，突破常规，打造营销差异点

第九章

品牌联动，资源整合，为品牌力持续加码

第一章

5G时代来了，品牌如何布局“新营销”

一、新时代，品牌营销模式寻求突破

互联网的加快发展，尤其是移动互联网的高速发展进程，让人们的生活节奏变得越来越快，越来越多的都市人都在从事“两点一线”的忙碌生活。面对越来越碎片化的大众时间，只有高效利用碎片化时间来博取用户的关注，才能成就品牌营销。

在现代化的互联网市场环境中，数字化趋势越来越明显，数字化已成为品牌营销变革的催化剂。如今，数字化营销已经到了新的十字路口。在互联网科技快速发展下，新零售模式席卷而来，整个数字化营销行业都发生了巨大变化，那究竟该怎么做？答案就是，适应时代的变化，在品牌营销模式中，持续需求突破。

品牌营销是一门沟通的生意，数字化营销同样如此。成功的品牌营销，归根结底就在于实现了跟用户的连接，对品牌和用户关系进行了重构，而其中的关键在于营销的执行，即在合适的时间、合适的场景，将合适的内容推荐给合适的用户。

在众多品牌和企业中，宝洁率先开启了品牌的数字化营销之路。

宝洁紧跟互联网的脚步，跟电商平台合作，给品牌带来了产品转化和数字化驱动力；同时，借助大数据，通过对数据的收集、整理和分析，掌握了用户的需求，为用户提供了满足他们需要的产品。

宝洁捷足先登，通过不懈的努力，产品销量一路遥遥领先，成功实现了品牌的数字化转型。

数字化，不仅颠覆了传统的商业模式，还对传统的商业认知造成了巨大冲击。品牌营销要想实现数字化转型，首先就要从思维上对数字化有正确认知。传统品牌在转型过程中最大的挑战是，对数字技术和数字时代等问题认知不一。

过去部分传统品牌对新旧用户和潜在用户的认识多数靠经验，营销管理自然也得益于这种经验，但是数字经济对这种认知造成了巨大冲击，改变认知，这就为实现数字化转型打下了坚实的基础。

过去品牌营销以产品为中心，现在发展到以用户为中心，数据为核心。重点不同，采用的品牌营销模式自然也就各有差异，但都很好地适应了社会的发展，促进了企业的进一步运营。

数字经济时代，运用各类数据，就能改变商业营销效率，让广告投放也变得更加精准。5G 时代，数据还是一种洞察，像过去那样凭经验来办事，已经不能很好地完成转化，只有不断地改变认知，才能凭借数据为品牌营销做思考和决策。

盒马鲜生是阿里巴巴对线下超市完全重构的新零售业态。盒马鲜生，既是超市，也是餐饮店，更是菜市场，但这样的描述似乎又都不准确。用户可以线下到店里购买商品，也可以直接在盒马 App 下单。而盒马鲜生最大的特点之一就是快速配送：只要在门店附近 3 公里范围内，30 分钟送货上门。

1. 用户需求

盒马鲜生为用户提供了高品质、新鲜、快捷便利的服务。首先，盒马鲜生提供的产品都是当日最新鲜的，他们绝不会将隔夜的蔬菜、肉和牛奶等售卖给用户；利用大数据技术，对用户一顿饭中所吃的食物量进行统计，定制每种食品包装的大小，让用户当天买当天吃完，最大限度保证了新鲜，还有效避免了浪费。

2. 节省成本

盒马鲜生在多个领域用人工智能代替人工，大大节约了成本。比如，盒马鲜生的供应链、销售、物流等履约链路是完全数字化的。商品的到店、上架、拣货、打包、配送任务等，都需要工作人员使用智能设备去进行识别和作业，简易高效，出错率也很低。同时，其还将线下的每个门店作为中转仓库，不仅省去了仓储租赁的费用，还能节省部分费用，作为免去5公里内配送的运费，优化了用户体验。

3. 便利用户

首先，年轻人是一大主体用户，他们生活压力比较大，用餐时间比较少，盒马鲜生采用“现场采购食材 + 代加工 + 现场用餐”的方式，为他们节约了大量时间，提供了便利。其次，用户在线下店面进行选择和尝试，然后在线上的App进行购买，不仅能对商品多一些了解，更能节省排队等候的时间。最后，线下门店采用自助结账的方式，在一定程度上，也减少了用户的等候时间。

4. 便利沟通

首先，只要用户反馈有问题，盒马鲜生就会在第一时间与用户进行沟通，力图用语言来与用户实现共情。

其次，在线下门店，会不定期地举行一些互动活动。比如，上海湾店的亲子体验环节，老师会带领小朋友进行有趣的互动。如此，不仅增加了亲子关系，还提高了品牌影响力，让品牌更好地渗入社区，提高了用户黏性。

再次，部门门店建立社群，举行“每日问答”活动，推送一些跟日期、天气、国际大事件等有关的问题或有趣的段子，在潜移默化中对用户造成影响。

最后，采用线下场景营销的方法。例如，以条幅或海报的方式进行社区覆盖，或与校园、酒店和出行软件等进行合作，吸引高校人群以及旅游人群前往盒马鲜生。

2019 年 6 月 11 日，盒马鲜生入选“2019 福布斯中国最具创新力企业榜”。

可以发现，盒马鲜生引领的营销革命，正是通过数字化的方式形成了更加科学的人—货—场路径，即由用户的需求决定商品，进而决定线上或线下消费场景，最终完成对供应链的深度改造，实现按需生产，实现消费体验的升级。如此，就实现了对传统营销最彻底的改造和本质回归，这也是盒马鲜生爆红成功的秘密所在。

所谓品牌营销数字化转型，就是利用数字等高新技术变革或替换传统的广告营销或生产经营活动，新建一种高效、创新、高层次的商业运作模式。数字化转型不仅仅是品牌 IT 部门的事情，要想获得真正的数字转型，还要将数字化技术、思维、管理等能力赋能品牌的整个营销活动。品牌数字化转型，需要注意的内容如表 1-1 所示。

表1-1 品牌数字化转型的注意事项

注意事项	说明
大数据应用的驱动	大数据运用是数字化转型的核心。数字化革新不仅会将实体业务转移到线上，还会给品牌带来转型质变。要想驱动品牌营销的数字化转型，就要利用大数据进行资源的采集、整理、分析和呈现，再用AI进行思考和决策，继而提高市场的智能化以及经营活动的稳定性。此外，还要进行品牌数字化广告营销，将大数据营销平台充分利用起来。比如，营销工具观星盘就是一个基于大数据和AI能力的精准广告投放平台，其利用全域数据洞察用户行为和全场景多维度，帮助品牌全方位分析用户，精准锁定目标人群，成功地触达全媒体用户，之后对推广效果的评估工作进行分析，最后进行品牌的数字广告投放
集思广益开放创新	品牌产品技术研发通常都是单打独斗，在数字化转型阶段，品牌如果遇到了数据技术难题，往往会聘请高新技术工程师前来解决问题。但是，品牌在转型阶段因为某问题无法突破导致停滞不前时，只有适度共享、开放创新，才有利于范式转移，才能成功突破难题。比如，在数据技术专家遇到的难题中，在人工智能领域却非常简单。将品牌内部的研发、技术问题等开放共享，品牌才能吸取多方意见，为品牌产品、经营活动等提供更多的创新解决方案。比如，GE电气在技术研发上，开放创新具有启发性意义，是许多品牌想要突破创新问题的典范。因为，对于任何行业来说，研究开发工作都是高度保密的
发挥数字团队作用	人才是品牌经营的根本，拥有数字化技术认知、商业管理、营销思维、业务能力的团队才能实现品牌的数字化转型。因此，要建立一支能指引公司业务、发展方向的数字领导团队。其中，数字化转型团队的协作则是品牌成功变革的关键
找准切入点逐个攻破	目前，数字化转型的大趋势还不太稳定，品牌要想进行转型，很容易迷失方向。品牌要想进行全面数字化转型，就要从解决当前的痛点开始，确定战略，逐个攻破，最后实现目标。比如，按照业务分类或营销职能分类，先从容易的做起，然后再攻克难关，引发从点到面的阶梯性发展

记住，品牌进行数字化转型的根本目的是寻求发展，确保品牌跟上时代前进的步伐。因此，品牌不仅要努力寻找切入点，还要将具有价值的点进行转型。其衡量价值的核心在于，转型能否提高用户体验，产品能否升级、能否为品牌带来效益，能否从容不迫地推行数字化转型？

二、关注市场形势，聚焦用户现实需求

用户需求是企业进行产品规划、立项、开发以及产品生命周期管理的重要输入，如何获得有价值的需求，是让众多企业感到头疼的问题。因为很多时候并不是实现需求的难度有多大，而是不知道究竟要开发什么样的产品，才能成为“爆品”。这时候，就要关注市场形势，努力聚焦用户的现实需求了。

卡夫是全球第二大食品公司，其澳大利亚分公司为了拓展新业务，为了打开孕妇用户市场，运用大数据分析工具，对10亿条社交网站帖子、论坛帖子等话题进行内容分析，发现大家对于维吉酱讨论的焦点不是口味和包装，而是涂抹在烤面包以外的各种吃法。

通过一系列分析对比，研究人员发现了三个用户的关注点：健康、素食安全、叶酸。之后通过一系列的分析研制，生产出全新的产品，打开了孕妇用户市场，创造出了新业绩。

大数据时代的特点是，数据的全面、丰富、深度和联结，不仅可以看到各行业各维度的数据，数据之间还能打通和联结，发现事物背后的关联。在企业数字化转型的过程中，只要抓住隐藏在大数据背后的用户需

求，也就抓住了企业发展的未来。

大数据时代，用户在线社交生活中所发生的行为轨迹和所创造的内容尤为珍贵，这些都是洞察用户、理解用户需求的重要来源。比如，亚马逊推出新产品和服务，不用经过调研、分析、讨论等环节，只要认真分析用户在网站留下的访问、评论、购买、推荐等数据，就能决定这款产品或服务是要继续推向市场，还是取消。也就是说，企业可以洞察用户需求，进行精准分析，找到合适的营销方法。

2020年9月25日，东风轻型车第四届用户体验营正式开营，来自全国各地不同行业的用户齐聚襄阳，现场品鉴东风轻型车的车辆性能。

据了解，本次邀请到的50名用户，拥有丰富的卡车驾驶及货运经验，所从事的行业覆盖了建材运输、物流配送、农副农贸等五大市场，车辆试验场地更是选择了目前亚洲占地面积最大、设施最完善的汽车试验场——国家汽车质量监督检验中心东风襄阳试车场。

事实上，自东风轻型车打破行业传统，首次举办用户体验营至今，已有四年的时间。在这家用户体验领先的商用车企业里，每年如期而至的用户体验营，似乎已成了传统。

连续四届用户体验营的举办，不仅能加强与用户的联系，还能让用户通过静态品鉴、动态试驾、面对面座谈等车辆测评方式深度感受东风轻型车强大的产品力。最重要的是，用户体验营的创新形式直接打破了车辆研发与终端用户间的壁垒，用户可在体验过程中结合实际货运体验对车辆的配置和性能提出建设性意见，并有可能直接应用到车辆开发、设计中，加速产品优化的同时，进一步满足了用户需求。

良好的口碑并非一蹴而就。为回馈300万用户的信赖与支持，2019年东风轻型车还曾举办“寻找第一批车主”活动，以百万大奖为用户送上惊喜福利；2020 年，东风轻型车全新一代战略轻卡刚刚发布，东风轻型车就推出“奔跑吧！体验官”活动，在全国筛选出 30 位体验官，提供最多 90 天的免费新车使用权，让用户深入了解并体验东风凯普特星云……全面贯彻“向用户而生”的品牌价值观，东风轻型车一直在行动。

从本质上来说，移动互联网就是互联网借助移动方式向人们工作生活的全方位渗透，也是现实社会和虚拟社会的进一步交融。移动互联网最大的特征是移动性，随时随地上网，且强调“个人”特征，因此，把握“人性”需求，可以进一步体现用户需求、满足用户需求和提高用户体验，也有利于商业模式的创新。

在“马斯洛需求层次理论”中，人的需求层次按照由低到高共分为五大类，即生存需求、安全需求、社会需求、尊重需求和自我实现需求。只有满足了低层次需求，才能追求高层次需求；若将该顺序弄反了，情况就会非常糟糕。这里，高层次需求比低层次需求具有更高的价值。

结合移动互联网特点，从人性需求演变来看，移动互联网需求演变主要包括通信及安全需求、信息需求、社交需求、交易需求和娱乐需求，并呈现个性化、社会化的特征。可见，移动互联网需求是按照需求的重要性和层次性排成一定的次序，从基本到高级逐步演进的，只有满足了某一级需求，才能追求高一级的需要，逐级上升，推动移动互联网的发展。

移动互联网各需求层次的基本含义如下（见图 1–1）。

（1）通信及安全需求。这是移动互联网用户最基本的要求，包括打电话、发短信、视频通信等。5G 时代，人们已不再满足于基本的通信需求，通信需求只是移动互联网的附加功能，更多的是用智能手机进行上网、浏览信息、发微博、玩游戏、购物、交友、看小说、分享、看视频等，需求层次不断升级、相互融合。此外，人们对通信及上网都有安全的需求，希望个人手机号码、通信录、位置等隐私信息得到保护，不被泄露。

图1-1　移动互联网的需求层次

（2）信息需求。这是移动互联网用户获取知识、获取信息、信息搜索、追求个人成长等方面的需要。5G时代，信息高度爆炸，通过智能终端上网浏览、搜索信息成为人们的重要需求。

（3）社交需求。社交需求是人们的基本需求，随着5G及智能手机的迅猛发展和普及，通过移动互联网进行社交越来越受到追捧，人们完全可以通过手机的位置服务，找到周边的朋友；还能通过移动互联网，跟家人一起来分享景点和照片，通过移动互联网找到知己、结识志趣相投的朋友等。

（4）交易需求。随着电子商务的迅猛发展、移动支付技术的成熟、移动支付标准的确定和网络安全进一步解决，移动电子商务成为移动互联网发展热点，交易需求不断增长。

（5）娱乐需求。这是最高层次的需求。利用闲暇时间、碎片化时间，通过移动互联网，就能追求享受、调节身心、恢复体力和振作精神。从需求层次来看，现代人之所以要购买智能手机，本质上就是为了娱乐，通过手机玩游戏、看视频、看电影，就能最大限度地使自己身心健康得到满足。

移动互联网变化日新月异，稍有懈怠就会错失机会。正如马化腾指出：“谁能把握行业趋势，最好地满足用户内在的需求，谁就可以得到用户的垂青。”这也是互联网行业的生存法则。

三、5G时代品牌营销，系统重塑企业核心竞争力

数字化时代，由数字技术引发的变革已席卷每一个地区、每一个行业和每一家企业。许多企业认为转型就是关注新技术，而往往忽略了当前核心业务中潜在的价值机会。数字创新将释放新动能，为企业带来前所未有的发展契机，将引发行业巨震甚至颠覆。在数字化潮头，谁能引领颠覆，而不是被颠覆?

数字化转型并不仅限于技术革新，还应涉及业务模式、运营流程以及用户和生态系统关系的重塑。

没有核心竞争力的企业，就像没有根的大树，越是向外扩张，就越是会加速企业的衰亡。相反，一个拥有核心竞争力的企业，就会发展得又稳又快。

华为手机是国产品牌手机的著名品牌。在5G时代到来之际，华为已在全球30个国家获得了46个5G商用合同，5G基站发货量超过10万个。2018年，华为手机在非洲整体手机市场排名第三。华为向国际成功扩张的关键原因在于其拥有核心竞争力。比如，优秀的企业文化、先进的技术、合理有序的组织机构、及时有效的用户响应、低成本研发与竞争等。这些核心能力为华为的稳健发展提供了保障。

任何企业在做大做强的过程中，难免会遭遇各种危机。如果企业缺少核心能力，就很难在危机来临之时从容应对。所以，在企业准备启航驶向更远更大的海域之前，一定要先打造属于自己的核心能力。

随着第五代移动通信网络——5G 时代的到来，5G 网络的商业化进程正在全速推进，引发了产业竞争格局的改变。因此，5G 时代下企业提高竞争能力尤为关键，唯有如此，才能为其正式进入 5G 的环境中参与竞争打下基础。

线下营销场景遇到挑战，营销行业的“人与场”也发生了巨大改变，行业对经营者的数字化能力也提出了更高的要求，对营销场地及其与用户连接触达方式，同样提出了数字化转型要求。随着移动支付、人工智能、数字化供应等科技的不断发展，品牌营销正在进入一个崭新的时代——5G 智慧营销时代。

2020 年微信支付开启了“8.8 智慧生活日”，沃尔玛中国依靠微信支付，实现了传统商超的数字化运营升级，为零售业的数字化、智慧化转型打下了很好的基础。

沃尔玛借助微信支付的智慧能力，将线上线下全渠道融合到一起，加速了商超全场景的数字化进程，不仅在非常时期实现了盈利、转化了危机，更在新的市场竞争环境下与时代变革中奠定了数字化能力根基。

那么，“沃尔玛 + 微信支付”，到底做了哪些智慧营销呢？

1. 布局小程序，打通“到店”“到家”消费场景

沃尔玛之所以能打通“到店”和“到家”消费场景，关键在于微信小程序。2019 年沃尔玛小程序全面上线，将“到店”与“到家”消费场景融合到一起，目前已经成功覆盖 400+ 大卖场及社区店，注册用户超过

7000万。

举例来看：2020年，武汉等地超市因防疫需求而进行了限客，社区采取封闭式管理。为了应对这一变化，微信支付帮助沃尔玛提高了小程序的产品能力，升级了沃尔玛到家服务。商品配送不再受限于门店周边3公里范围，使用LBS（移动定位服务系统）技术，完全可以锁定门店周边多个社区，用户只要位于平台覆盖的社区范围内，就能在线下单，集中配送直达社区。

研究显示，2020年1月，餐饮、零售业的微信支付线上交易占比是2019年12月的1.79倍和1.25倍。

微信支付产品能力为企业提供了全场景平台互通能力与私域用户运营能力，为线下交易场景的缺失提供了敏捷补位，让企业在压力下生存下来，并实现了新的营收增长。

2. 沃尔玛推行“扫玛购”小程序，提高了交易效率和用户体验

早在2018年，沃尔玛便与微信支付联合推出了让用户边扫边逛的小程序“扫玛购”。其特点是：

用户不用排队等待结账，只要直接在微信小程序上自助“扫一扫”录入商品，就能用微信支付完成付款。

在“扫玛购”专用通道，核验时间不超过5秒，全面提高了线下购物的交易效率。

用户购物都留有记录，可以随时核对，不用纸质小票核对。

截至2020年7月，沃尔玛小程序的注册用户已经突破7000万人，覆盖400+大卖场及社区店，订单最高单店渗透可达50%，大大提高了商超运营效率与用户购物体验。

3. 线上领券，线下到店核销

沃尔玛布局全国门店自助收银机，通过微信小程序与微信支付的闭

环，用户可以无接触自动核销优惠券，继而通过微信支付快速完成交易。以上环节的打通与高效递进，大大提高了沃尔玛的零售流程效率。

零售商超未来的方向是：全场景数字化。为了加快数字化进程，沃尔玛投入了众多人力和物力，跟用户建立了长久关系。借助这种关系，沃尔玛就能完成两件事情：第一件，用户即使不购物，也能跟其保持一定的联系，能够主动地与用户取得联系，而不是在门店内被动地等待用户；第二件，用户来到沃尔玛门店时，可以把小程序作为一个工具供给用户使用。

借力微信支付产品体系，沃尔玛打破了时间和空间的界限，轻便地达成到店、到家全场景的用户服务，实现了与用户的深度互动，在线下场景将用户体验最大化，提高了用户的黏性。

如今，沃尔玛与微信支付已经形成一套成熟有效的零售数字化解决方案。沃尔玛作为营销数字化的典型案例，总跑在趋势前头，其迎合市场变革的节奏，从自身出发，灵活、果断地应对市场变化，采取强有力措施，及时推动转型，给5G时代的品牌营销带来众多启发。

为何要重塑企业核心竞争力？具体原因有以下三个方面。

第一，用户的消费行为发生了巨大的变化。

随着时代的不断发展，用户的行为发生了巨大的变化。这些变化主要体现在以下四点。

第一点：线上、线下消费行为融合。互联网时代，人们热衷于网购，但随着消费需求的改变，人们不再只热衷于网购，开始选择线下体验、线上购买。例如，服装品牌优衣库打通了线上、线下模式，用户可以在线下体验，在线上购买。

第二点：购物行为更理智，注重“口碑”。以前用户购物的时候，只关注产品的价格；现在用户购物，为了做出更好的决策，会通过各种渠道寻找更多的产品信息。例如，查看其他买家的评价、查询产品或品牌相关资料。

第三点："族群"消费。经济时代，"群体"这个词被越来越广泛地提到。在商界，消费爱好、消费能力、年龄等因素相同的人，被称为"消费族群"。例如，"90 后消费族群""年轻消费族群"等。

第四点：网购。以前用户购物要去实体店，现在用户更倾向于网络购物。

从以上四点可以看出，用户行为发生了很大的变化。为了应对这些变化，企业应当重新进行市场定位，重新锁定目标用户。这样才能抢占市场，为企业创造更多的价值。

第二，技术的变革带来更多机遇。

互联网技术、大数据技术、信息技术等企业发展的基础条件正发生着巨大的变化。具体来说，技术给企业带来的机遇主要体现在以下三点，如表 1-2 所示。

表1-2　新技术带来的机遇

机遇	说明
由传统比较长的分销渠道转型为直销	传统的渠道从厂家发出来的货，要经过层层代理，才能到店里。中间商越多，价格就越贵。价格贵，自然会影响销售量。而随着科技的发展，生产者可以跟用户直接连接，例如，借助线上的直播、抖音短视频等方式和用户直接连接并销售；又如，开线上、线下的直营店，直接把产品卖给用户等
网红经济	"网红经济"是指以年轻貌美的时尚达人为形象代表，以红人的品位和眼光为主导，进行选款和视觉推广，在社交媒体上聚集人气，依托庞大的粉丝群体进行定向营销，从而将粉丝转化为购买力的一个过程。"网红经济"的营销方式一般为直播营销和短视频营销

续表

机遇	说明
社交营销	随着互联网的发展，各种社交平台开始问世。对于企业来说，这些社交平台其实就是最贴近用户的营销平台。例如，电商拼多多的成功有很大一部分原因是其采取的“病毒式”的社群营销模式。买家付款后可以一键分享到微信群、微信好友、微信朋友圈等社交平台上，从下单到支付，再到最后离开拼单页面，每一个关卡都在暗示、引导买家分享……在完成拼团之后，买家还有机会获得免单券，也算是另一个变相的鼓励分享

以上这些革命性的技术变化，可以改善企业的运营条件，为企业创造更多的利润。但前提是，企业要学会有效利用这些新技术和资源，重塑商业模式，打造更具优势的核心竞争力。

第三，资源整合可以增强企业的竞争力。

传统的商业模式是“单打独斗”。这种模式下，企业的资源是有限的，因此发展空间也是有限的。新时代的企业更讲究的是整合资源，实现“合作共赢”。现代企业的资源整合，主要体现在以下三点。

第一点：上中下游产业链的资源整合。在传统的商业模式中，产业链中的上中下游之间基本是独立存在的，很难形成合力，而且会增加彼此的成本。所以，企业要加强自己的竞争力，就要整合产业链上中下游的资源。

第二点：生态链的资源整合。很多优秀的企业不仅会对上中下游产业链的资源进行整合，还会进行生态链的资源整合。

第三点：资源跨界“打劫”。传统的商业模式中，企业在获取资源的时候，基本都会盯着行业内仅有的资源。其实，现代的经营者已经开始采取资源跨界“打劫”的方式，为企业争取更多的资源。

可以说，在企业做大做强的路上，重塑商业模式是最有效也是最根本的策略。

企业在5G时代下的战略实施措施如下。

（1）节约企业运营成本。5G时代给企业提供了全球与之对应的供应商的相关信息，使企业对供应商的信息查询更加快速和便捷。一方面，大大压缩了企业的采购成本，企业可以利用快速的网络通信实现交易；另一方面，管理者与企业一线员工信息传递不畅，容易出现信息不对称，只有增加运营成本，才能弥补相关缺陷，借助大数据、云计算等，完全可以减少因管理沟通问题带来的无序、冗长的烦琐过程，将管理落实得更迅速，执行误差更小。

（2）优化人力资源管理系统。在以往的绩效考核、人员招聘等过程中，一旦系统软硬件无法匹配，人员管理的效率就无法提高。随着5G的进入，企业完全可以利用网络技术，进一步优化人力资源管理系统，帮管理者用有效的组织管理方式和方法，降低成本的加速增长，创造价值链利润。

从人力资源管理的角度出发，用5G赋予的先进技术来对数据进行收集和分析，并将几乎所有与人力资源相关的信息统一管理起来，就能实现真正的人机合一。

四、5G时代，品牌营销管理体系必须重新架构

随着 5G 时代的逐渐落地，5G 在品牌营销中的影响越来越深。那么，5G 时代下，品牌该如何利用 5G 进行营销呢?

一直以来，移动通信技术的发展都与品牌营销的更迭密切相关：2G 推动了短信的诞生，品牌营销进入传统大众营销时代；3G 催生了移动互联网，推动了互联网营销兴起；4G 环境下，出现了移动短视频，营销也跟随着进入了短视频营销时代。

5G 的出现，商业生态被全面重塑，开启了各行各业的数字化浪潮，营销业也发生了颠覆式变革，具体表现在以下三个方面。

首先，内容形式革新，视频和 VR/AR 走向主流。

（1）视频是 5G 时代“新语言”。5G 时代，信息传播加速变革，视频领域尤其是短视频，成为一个更重要的内容载体。随着发布和观看成本逐渐降低、拍摄及传输效率大幅提高等，长视频、短视频、高清直播等必然会全面爆发，成为品牌营销的标配；而更高分辨率的广告格式，如 4K、8K 等超高清视频内容的产出与传播，将进一步提高广告的品质与体验。

（2）VR、AR 迎来高速发展。5G 将大幅度提高 VR 和 AR 设备在渲染

高分辨率图像时的运算能力，不仅提高了数据传输能力，还完善了画面显示能力，使用户获得身临其境的体验。而在此之前，广告不仅都是二维平面的，还要受到展示空间的限制。

其次，革新交互体验，突破视听的想象新空间。

5G 时代，“无互动，不营销”成为现实。5G 不仅支持语音和视觉交互，还增加了更多的场景式互动。随着 5G 技术的成熟和商用，甚至还能给人们带来一些新的感官互动。比如，网络购物时，用户不仅可以虚拟试衣、感知穿着效果，还可以通过物联网感知衣服的质地等。让一个品牌或产品变得可以触摸，更有利于未来的品牌营销。亲手去触碰一个东西，如果所有的体验不仅来自视觉和听觉，品牌印象可能会更加深刻。

最后，革新营销技术，精准化成为现实。

随着 5G 时代的到来，大数据等技术变得越来越强大，为营销行业带来了新的生产力，推动了营销智能化与效率革命。同时，在数据与技术的赋能下，品牌也有机会从人群画像、用户洞察、需求识别发展到精准触达、转化承接、数据资产沉淀、价值评估等全链路智能化，全面提高品牌的营销效率。

从上面几点可知，5G 将是一个全新的营销时代。

面对原有场景的转变和新场景的开拓，品牌营销手段和形式也要做出相应的升级和变化。结合 5G 应用对营销的触及点，笔者认为，在 5G 时代下，品牌营销策略的转变方向主要有以下两个，如表 1–3 所示。

表1-3 品牌营销策略的转变方向

方向	分析	方法	
		具体方法	说明
用户管理的智能化	5G时代，万物互联，品牌可以采集到更全面的数据，对用户的行为和消费偏好进行分析，进一步赋能品牌的大数据能力，将正确的内容或广告发送给正确的人。2020年4月28日，中国互联网信息中心发布了第45次《中国互联网络发展状况统计报告》，报告指出：我国网民规模达9.04亿人，网民使用手机上网的比例达99.3%。随着数据的大量涌入，企业和品牌商要想清晰、精确地知道用户想要什么，想要更低成本、更高效地触达其核心用户，想要及时感知用户需求变化并有效应对，最大化营销价值，就要布局智能化	全面收集数据，解决用户ID问题	5G具有高速率、低延时、大容量等特点，能够让用户和其所拥有、触及的设备实现更广泛、更高速的连接，品牌收集到的数据也会更全面、更立体。那么，如何才能实时获取、分析、运营及处理这些数据呢？借助AI技术的支持，全面收集、分析和激活数据，解决用户ID的打通问题。不仅能够快速获取完整、真实、全面立体的用户信息，对用户行为和需求进行预测；还能帮助企业建立营销漏斗，筛选用户意向，了解用户关注点，进行针对性的营销沟通，促进购买结果，提高营销转化率
		建立用户营销机制，提高转化率	5G生态中的营销，品牌的着眼点，不只在于信息的触达与交互，更在于点击之后的转化。随着品牌企业越来越追求效果，未来的品牌营销必然要为转化负责，从用户营销机制入手，为用户提供更好的个性化和定制化的服务。比如，用户浏览购物网站时，平台就可以根据用户的过往消费记录以及实时反馈，为他自动推荐一系列商品，拉新用户、盘活已有用户，促进最终的营销转化和复购率提高，最终为品牌形象加分

续表

方向	分析	方法	
		具体方法	说明
营销服务的一体化	如今，营销场景多元化，传统的营销服务边界正在被打破，未来的品牌营销会进入一个融合创新的时代，数据、内容、场景等核心营销元素会被全面打通，更好地满足用户需求。线下和线上的融合已经达到前所未有的高度，品牌必须重视营销一体化	将“引流+营销”结合起来	做营销活动时，很多品牌局限于导流，并没有做到整合营销，仅是“引流+营销”
		充分利用Co-Line Marketing	伴随着互联网下半场大幕的拉开，营销也进入了下半场。所谓Co-Line Marketing，就是以用户为核心，覆盖生活全场景，利用数据和技术实现线上、线下的一体化
		开启“技术+”模式，升级营销效能	数字时代，技术和数据能力的发展，极大地改变了营销逻辑，“人机协同”的作业模式，让营销更高效、更敏捷、更智能，整个营销链路的打通也更深入。对于品牌来说，开启“技术+”模式，把技术融入创意生产、投放优化、效果转化、价值度量等全链路，就可能领跑智能营销

5G时代，我们将迎来万物互联的时代，品牌营销额生态也将发生巨变，品牌格局与秩序必然会迎来重构期。面对智能化、多元化、一体化的营销新生态，品牌只有与时俱进，快速迭代营销思维与能力，才能实现新价值增长，在新格局中占据高位！

第二章

聚焦目标用户群，拓展品牌口碑市场

一、瞄准目标用户群体，深度兑现品牌承诺

在品牌营销领域，很多人都会把获取精准用户比作“钓鱼”。要怎样才可以钓到自己中意的鱼呢？首先就要知道自己需要什么样的鱼。也就是说，知道自己的目标用户群是谁，他们在哪里？如果你想钓到海鱼，却到河沟里去找，即使鱼饵再诱人，也找不到你要的鱼。

品牌营销的关键就在于，瞄准目标用户群，深度兑现品牌承诺。

“宋小菜”创立于2014年12月，是一个开放、创新的数字化生鲜产业服务平台，主要为用户提供数字驱动的生鲜供应链解决方案。2018年，“宋小菜”全年蔬菜销售超30万吨，交易规模居全国前列，它用四年的时间证明了一件事——即使是正在线下传统渠道高速流通近90%的生鲜农产品，也能与互联网进行数据化的深度融合。

目前，“宋小菜”上游覆盖山东、云南、甘肃、内蒙古等十大蔬菜核心产区，下游触达北京、上海、广州、武汉、杭州等50多个城市，用户数量超过4万户，形成了比较完善的蔬菜交易流通体系。

“宋小菜”有一套对生鲜流通末端的分级理念，末端可以被划分为四级：

以用户为代表的C端用户；

包括个体餐厅、企事业单位食堂在内的大 C 端；

类似于社区生鲜店的小 B 商家；

生鲜交易量占据 80% 左右份额的农贸市场。

对以上四条路径分析之后，“宋小菜”最终选择从农贸市场切入。

首先，“宋小菜”放弃了 C 端用户。因为当时很多企业都在围绕 C 端用户试水生鲜线上化，出现了每日优鲜、易果生鲜等，但依然存在一个大问题，即用户个性化需求无法满足、最后一公里配送履约成本过高，很多企业都无法正常运营。

其次，在撮合模式与自营模式并行生鲜 B2B 平台中，逐渐延伸出两种主流业务模式：一种是以蜀海供应链、永辉彩食鲜、美菜网等平台为代表的半成品食材供应平台；另一种是类似于安鲜达等服务于 B 端商户的全品类生鲜平台。

再次，个体经营的餐饮商户、B 端生鲜门店分布在城市的街头巷尾，履约成本都比较高。例如，各餐馆都制定了自己的菜单，包含数百个库存量单位（Stock Keeping Unit，SKU），对生鲜食材的品类丰富度要求更高，单品采购量相对较少，运营难度较大。

最后，农贸市场对生鲜的需求量大而稳定，更具专业性，能够与“宋小菜”实现高效的协同效应。在交易履约过程中，“宋小菜”积累沉淀买家、卖家、商品、物流、价格等五大核心数据库，并以此为依托，自主开发出各类移动互联网工具，为上游生产组织者提供物流调度、加工存储、农产品价格行情、农业供应链金融等多种产业服务，拓展了生鲜产业服务领域，为用户提供了生鲜供应链全产业解决方案。

“以销定采”最大的问题是，如何精准地捕捉用户需求并做到快速供应。现实中，一个地区对蔬菜的需求变化起伏并不大，根据各城市对产品的不同需求，“宋小菜”在当地会聚焦50~70种单品，每种每天的采购量达到几十吨。平台做到足够规模后，就能通过数据预测出当地一段时期内的需求，提前帮供应商制订供货计划，提高效率；终极形态则是，将原有的推式生产变为拉式生产，即“以销定产”。

所以，5G时代，要想提高品牌营销效果，首先就要知道：你的目标用户是谁，他们在哪里？只有找到真正的目标用户群体，才能进一步深挖他们的需求，并满足他们的需求，最终将产品卖出去。选错了目标群体，即使产品能满足他们的需求，他们也不一定有能力购买。所以，能够给品牌付钱的那个群体，才是品牌的目标用户群体。

那么，如何才能找到你的目标用户群体呢？思路只有一个：看看他们经常出现在什么地方。

比如，你是做房产的，听说哪个地方开始拆迁了，就要到这个地方去发传单，因为拆迁户都有租房或购房需求。

明确目标用户是谁很重要，找到他们到底在哪里更重要。因为这是一切品牌营销的前提，也是营销的方向。搞错了品牌营销的方向，即使跑得快，离目标也会越来越远。只有想清楚这两个问题，之后的努力才不会白用功。同样，只有瞄准目标用户群，才能兑现品牌承诺。

为了迅速建立起自己的品牌，打败竞争对手，在激烈的市场中占领一席之地，很多品牌都会对用户做出很多承诺，可是，做出承诺并不难，难就难在如何兑现。科特勒说过：“品牌营销就是兑现品牌承诺中的一切特性。”怎么理解呢？意思是说，对用户做出的所有承诺，品牌都要兑现。

一家快递公司对外宣称，无论天气如何、不管风雨再大，它都会送货上门。在之后的运营阶段，这家快递公司也确实做到了风雨无阻。这就是一个许下承诺、兑现承诺的过程。

一家快餐店，在传单上注明："凡是生日当天前来消费的用户，都可以享受八折优惠。"之后，生日当天前去消费的用户确实享受到了八折优惠。这就是兑现品牌承诺的直接表现。

许下承诺后，只有认真兑现，才能赢得消费人群的持续信任和热爱。而这也是任何一个品牌应该努力做到的。

为了吸引用户，或者让用户变得更有黏性，有些企业或品牌都会给用户许下一些承诺，比如，"满 500 元，就送……""收到产品，7 天内，无理由退换货"……很多用户就是冲着这些承诺去购买某种商品或服务的，如果某些承诺没有兑现，用户就会觉得自己上当受骗了，不仅会对本次购物不满意，将来必定也不会再次购买。

优衣库（UNIQLO）是休闲服饰第一品牌，在日本家喻户晓，也是全球知名的快时尚品牌之一。

优衣库的母公司是迅销（Fast Retailing Co., Ltd.），由柳井正子承父业发展而来，柳井正多次登顶日本首富，更是很多企业经营者的学习典范。

柳井正在其出版的《经营者养成笔记》一书中，对"何谓经营者"进行了详细阐释。他说，经营者，一言以蔽之，就是取得成果的人；所谓成果，即承诺的事情。企业或商家必须对用户、社会以及员工做出"企业将向这个方向发展""我要这样做""我要做什么"等承诺，并努力兑现。这就是所谓的"取得成果"。因此，这不单单指业绩上的某项数值。所谓

“成果”，不仅包括“业绩上的数值”，还包括“其他成果”。

例如，“在保持年增长率30%的同时，持续达成30%的经常利润率”是对业绩数值的承诺，而“培养400名能活跃于世界各地的经营人才”则不是业绩，而是定量性质的承诺。

此外，“在上海、北京、成都建立营销网点”以及“创造前所未有崭新价值的服装”则是定性性质的承诺。

作为经营者，一旦做出这样的承诺，就一定要兑现，要想方设法使之变成现实。这就是品牌和企业的责任。只有兑现承诺、取得成果，才能赢得用户、社会以及员工的信任，公司才能生存和发展。

未能兑现自己的承诺，只是赚到了钱，不利于后续的发展。记住：没尽到该尽的义务，即使赚了钱，也毫无意义。只求结果没问题，是不可能长久维持下去的。例如，承诺“创造前所未有崭新价值的服装”，却未能在当季推出任何这类商品，未能兑现承诺，即使营业额提高了，也仅能归功于气候因素的影响。气候因素是企业无法掌控的，只追求结果而不顾问题，就会变得连沾了天气的光都会沾沾自喜。那样，距离被用户抛弃的那一天也就不远了。

优秀的品牌一般都会通过媒体对自己进行声势浩大的宣传，其间也少不了对用户许下最初的承诺，而用户将会在之后的消费过程中检验承诺是否属实，然后根据体验对品牌进行打分。

市场经济的核心是信用经济，而以商业承诺为基石的角逐必然是保持企业品牌竞争力的关键。

品牌依赖的基础就是信用，就是能否兑现承诺。企业要对用户忠诚，建立用户对品牌的忠诚度，也就是说，只有与用户建立友谊关系，才能赢得用户信任。

经济学理论讲，品牌就是一种重复博弈机制，一旦建立了品牌，就要接受社会的监督；出现了错误，社会、用户就可以惩罚你。也就是说，品牌只有稳定兑现承诺，才能制造重复的博弈机制，获得用户的信任，进而获得用户重复购买的机会。反之，如果品牌不能兑现承诺，用户就会惩罚你，以后也就不会再购买你的产品了。

事实证明，优秀的品牌通常都重视品牌承诺，并会将其全部转化为切实可行的用户体验，在重要的体验环节保持稳定。也就是说，不论品牌通过何种途径兑现承诺，用户感知到的都是统一的品牌认知。

品牌是企业对解决用户问题的完整承诺，承诺越完整，用户通过企业交易的成本越低。

记住，品牌承诺是赢得用户青睐的保证，营销过程就是一个兑现品牌承诺的过程。

二、借助新商业模式，提供社会化用户管理方案

目前，我们已经进入了一个用商业模式为企业赋能的时代，即使是传统行业，也能通过商业模式再造重获新生。

管理学大师彼得·德鲁克说："当今企业之间的竞争，不再是产品之间的竞争，而是商业模式之间的竞争。"因为对于用户来说，企业与企业之间，在产品功能层面是很难分出高低的。

在所有的创新中，商业模式的创新是企业最本源的创新，因为它是企业管理创新、技术创新的基础。离开商业模式的创新，其他创新都会失去可持续发展的可能和盈利基础。举个例子：

当网约车刚出现的时候，出租车公司根本就没有感受到任何危机，一家没有出租车、没有司机的互联网公司推出一款App，怎么能跟拥有几百万辆车、几百万名司机的出租车公司相提并论？然而，事实却让人意想不到。当用户习惯使用软件叫车后，网约车公司顺势推出了专车、顺风车、代驾和大巴等服务，专车对出租车公司的生存造成了直接威胁，出租车公司这时才反应过来，想要与专车服务竞争。但是，那时已经势不可当。因为出租车公司和多数企业都没有意识到，在"互联网+"时代，连接比拥有更重要。当网约车公司完成融资后，估值远超任何一家出租车

公司。

从共享住宿、共享单车、共享电动车到共享充电宝，“共享 +”模式随之而兴。共享模式的本质，归根结底是资源的优化配置，让商品、服务、数据以及智慧拥有共享渠道的商业运营模式。

“互联网 +”时代，共享模式主要以移动互联网为载体，利用互联网技术促进信息的高效流通，减弱信息的不对称性，使得使用价值的获取更为廉价，也更为方便快捷。

移动互联网时代的商业模式是通过极致的产品和服务来获取用户，先将用户变成粉丝，之后通过跨界整合资源，为用户提供更好的体验，最终提高用户的黏性和客单价，形成有黏性的用户平台，最后再嫁接到商业模式上。

社会化营销是围绕社交关系展开的，概括起来，共有以下三个特点（如表 2-1 所示）。

表2-1　社会化营销的特点

特点	说明
提高了社交影响力	归根结底，社交媒体是基于“社会关系”建立起来的平台，实施社会化营销，只要提高了社交影响力，自然也就提高了产品的关注度和知名度。而炒话题和制造事件都是社会化营销的常用手法。
长久宣传和投入	在社会化营销中，社交关系由点变成了面，不仅涉及到影响区域，更涵盖了覆盖范围。要想进行点对点的行链式病毒传播，提高社会化营销效果，就要进行更大范围的宣传覆盖且长期坚持，争取在更长的时间范围内向用户持续植入产品或服务认知。
内容为王	在社会化营销中，信息传递的源头已经与以往不同，信息质量参差不齐，真伪的辨别更需要花费大量的时间和人力，因此就要坚持“内容为王”的概念。同样，在社区化营销中，信息传递几乎都被限制在圈层内，只有打造好的产品内容，才更有利于下一步的行动。

5G时代，万物互联，品牌能够采集到更全面的数据，用以分析用户的行为和消费偏好，进一步赋能品牌的大数据能力，将对的内容或广告跟对的人实现高度匹配。近年来，移动互联网用户规模不断增长，据中国互联网信息中心发布的第45次《中国互联网网络发展状况统计报告》显示：截至2020年3月，我国网民规模为9.04亿人，互联网普及率达64.5%，比2018年底提高4.9%；手机网民规模达8.97亿人，比2018年底增长7992万，我国99.3%的网民都会使用手机上网。

企业要从用户营销机制入手，为用户提供更好的个性化和定制化服务。比如，在用户浏览购物网站过程中，平台就可以根据用户的过往消费记录和实时反馈，为用户自动推荐合适的商品，从而实现用户拉新、盘活已有用户、SCRM管理等，并促进最终的营销转化、提高复购率、树立好的品牌形象。那么，如何进行社会化用户关系管理呢？

（1）关注跨平台策略的连贯统一。在任何社交平台上，品牌都要保持言行一致，因为唯有如此，才能帮助它们树立一个透明公开的公众形象。拥有连贯统一的言论，才能将品牌在用户管理上的用心体现出来。同时，能在一个平台上看到的内容，也要在另一个平台上可见。目前，在社会化媒体中，很多企业都设置了不同的账号，聚集了不同用户，可是平台属性不同、覆盖用户的年龄和兴趣等也有区别，规划时需要将这些元素都考虑进去。

（2）通过内容供应增加用户原创内容。当使用邮件或推送消息等形式向用户传递信息或互动的时候，要确保在产品的社交网络页面上也同步更新这些内容。作为品牌营销者，要主动为粉丝寻找有趣的内容，但是也要时刻问自己：这些内容能否促进用户原创内容的产生？要想进行关系管理，就要用内容与用户产生黏性，例如，微信公众账号的订阅号每天推送的消息。

（3）每个品牌页面都是一个用户舞台。在一些社会化的平台上，如果企业允许用户畅所欲言，提出对产品的问题和意见，就能有效提高用户的参与度。从本质上来说，社交网络就是一个交流问题的中心。合理运用这一平台，提高用户参与度，就能最终带来品牌影响力。比如，小米社区的运营，是用户自己的舞台，成就了小米粉丝的黏性。

（4）确定特定用户群。并不是所有社交媒体平台都适合每个品牌，也不是每个品牌都需要在所有社交平台上建立它们的账号。作为营销者，搞清楚公司产品主要接触的社区群体类型尤其重要，比如，体育、科技、美食、电影……例如，影迷一般都很喜欢小清新、文艺气质浓郁的氛围，要想找到这类群体，就要到豆瓣网上去找。

企业营销活动覆盖到的用户，都不希望是一次性的短期行为，毫无战略的短期行为，只能导致两败俱伤。就像前几年搞起的团购，企业为了盈利，用户为了贪便宜，彼此之间发生了一次性的团购行为，但是结果用户不仅没有再次光顾，甚至还产生了负面影响，得不偿失。

从用户需求出发，双向沟通，令用户满意，为企业节省成本，提高效率和利益，就是关系成就好生意。

三、开展深度、多样化互动，深度触达用户需求

移动互联网时代，智能手机、平板电脑等移动设备已经占据了用户的大部分时间，全数字化的互动营销已成为最主流的营销方式，各企业都在努力占据用户的场景和触点，最大限度地与用户产生深度关系，从而紧紧地抓住品牌的用户。

广告最佳的体验方式，是带动用户感官或行动上的互动，将情感、场景、互动都联结在一起。下面，以味全每日 C 为例来加以说明。

最开始，味全每日 C 的瓶身上印了很多句生活场景，比如：

加班辛苦了，你要喝果汁！听身体的，你要喝果汁！

世界在你身上，你要喝果汁！听妈妈的话，你要喝果汁！

你朝五晚九，你要喝果汁！做个好爸爸，你要喝果汁！

不爱晒太阳，你要喝果汁！不会削苹果，你要喝果汁！

通过多种生活场景，配上相应的文案，并反反复复告诉用户："你要喝果汁。"慢慢地，就加深了用户对喝果汁这个行为的印象。

之后，味全每日 C 增加了跟用户的互动行为，将"××××××，你要喝果汁"的前半句改成可以随意修改的样式，用户就能根据自己的心情，将自己想说的话写在上面，进一步增强产品和用户间的互动。

然后，味全每日C第三次改变品牌包装，推出42款拼字瓶，让用户将多个味全每日C摆在一起，拼成一句话。

三次互动形式，一次次地调动起了用户对产品包装的趣味性，也让用户借助产品进行了简单方便的线下组合及心情表达。于是，“你要喝果汁”不再是日常需要补充维生素C的选择饮品，反而成了一天好心情的开始，增加了爱情甜蜜的表达形式。

可见，互动不仅能加深用户对品牌的认知，也能提高用户和品牌的互动，并创造出二次传播的机会和内容，从而实现品牌的推广，成功俘获潜在用户。

在互动营销中，互动的一方是用户，另一方是企业。只有抓住共同利益点，找到巧妙的沟通时机和方法，才能将双方紧密地结合起来。

互动营销可以给企业带来几大好处：高效地获客、用户重复购买、支撑关联营销、建立长期的用户忠诚度、实现用户利益的最大化。因此，企业要将互动营销作为企业营销战略的重要组成部分。

历史上，每一次媒体形态的进步都会给营销产业带来新的契机。毫无疑问，互联网带来的“互动性”这一媒体形态变化，是营销产业实现跳跃式发展的一个重要契机。

互联网发展的初期阶段，营销前所未有地实现了寻找、发现精准用户的可能。几年之后，“互动”这一互联网的核心本质已经少了最初的震撼，现在已经能够深入地发掘到每个用户的潜能，把传统媒体里“沉默的大多数”鲜活地呈现在了互联网上，甚至还是“一个个、分别”地呈现在了互联网上。“人”这个最能动的媒体参与者也终于在互联网中第一次改变了被动接受的角色，出现了主动的、外显的特征。

互联网时代，品牌发声变得很容易，也变得不容易。对于一夜爆红的品牌，很多人都心生羡慕；也有很多品牌常年如一日地默默打造产品的质量，努力打磨一款好产品。可是，时代每时每刻都在发生变化，用户消费习惯也在变化，用互动带动用户的情感，创造场景，提高品牌或产品与用户间的互动，无疑是当下较受欢迎的品牌营销策略之一。

概括起来，企业可以跟用户通过以下多种方式进行沟通，如表2–2所示。

表2–2 企业和用户的沟通方式

沟通方式	说明	方法
被动沟通	用户门户	建立用户门户，引导用户对品牌建立认知，向用户传递产品价值，比如，在用户门户展示专业生产内容（Professional Generated Content，PGC）的内容、提供自助服务入口。无论用户是自主搜索到的，还是被系统引导到用户门户的，都可以顺利地推进购买进程
	客服中心	设立客服中心，安排专门的工作人员负责，或使用小机器人客服，用户遇到问题时，就能通过微信、电话或在线客服等工具，跟企业取得联系，表达自己的诉求；客服人员就能专业地响应用户诉求
主动沟通	自动化沟通	基于用户画像，根据用户行为动态和用户生命周期状态，设置相应的触点营销策略，根据预设的标准作业程序（Standard Operating Procedure，SOP）自动发起沟通；根据用户的沟通偏好，灵活设置沟通渠道，比如，微信、短信、电话、在线聊天、电子邮件、App消息等
	精细化沟通	将高净值用户分配给营销人员，进行一对一的联系跟进，让沟通更有温度
	规模化沟通	基于用户分群，为用户提供合适的激励、促销或内容，批量送达给用户

用户一般都需要快速、个性化的服务，有趣的营销和智能推荐，都有

利于沟通。企业要通过各种方式主动与用户互动，并引导用户参与，满足用户参与的需求，获取用户互动数据，建立用户洞察。

当然，互动策略的落地实施还需要借助一定的用户互动平台。

（1）完善的用户门户。用户门户是重要的私域流量运营阵地。完善的用户门户，不仅需要提供足够的与品牌相关的知识和自助服务，还要做到千人千面，根据当前访客的画像、意向和购买旅程阶段，提供个性化的内容展现，充分利用各种互动机会，引导用户参与，产生用户黏性。好的用户门户，通常都包括商户希望用户了解的内容，比如，品牌、产品、服务和客服入口、服务通知、在线商城、会员体系、用户账户、活动预告、分销推广、私域流量社区、投诉建议入口等。

（2）全渠道用户触点管理。要为每个用户分别建立一条单一的沟通主线，按照时间轴，将过往的沟通记录展示出来。不管员工在任何时间、任何地点跟用户产生互动，都能对用户有全面的了解，比如，用户是谁，有什么诉求？这时候，用户也会觉得自己正在与品牌进行持续谈话。记住，用户讨厌反复解释他们是谁、他们的问题是什么。

（3）用户互动智能化。智能化的用户互动平台，可以极大地降低企业成本，并同时提高企业效率。因此，企业要在用户库大数据的基础上，实现智能打标签、线索打分、智能用户分群、智能内容推荐、智能商机推荐、智能客服系统、智能跟进流程，兼顾规模化用户运营和精细化用户管理，实现私域流量价值的最大化。

（4）全渠道触达用户。用户互动平台要具备提供全渠道触达用户的能力。在企业私域流量池内，可以通过不同的方式，将企业沟通信息有效地传递给用户，比如，短信、电话、电子邮件、社交媒体平台、实时聊天、短信或 App 消息等；也可以将各种方法组合起来使用，并智能识别出用户的有效沟通渠道。

（5）统一用户画像。为企业提供用户整体的360度视图，将公司使用的不同系统中的数据汇集在一起，包括社交媒体、销售和营销自动化系统、用户支持服务台或营销数据库。当企业将所有的用户数据集中在同一个地方时，就更容易理解用户旅程，以及改善用户体验的方法了。

（6）统一用户库。建立统一用户库、统一用户画像、全渠道用户触点管理，使企业营销团队掌握用户互动历史、沟通上下文、用户购买过旅程进度，制定出正确的、个性化的互动策略；借助营销自动化和智能推荐功能，推动用户的转化。

四、情绪共振，持续优化品牌与用户的情感沟通

情感营销是品牌营销中的一种方式，跟用户进行情感共振，才能优化品牌与用户的情感沟通。

所谓情感营销，就是从用户的情感需要出发，唤起和激起用户的情感需求，诱导用户产生心灵上的共鸣；当产品发展到一定阶段的时候，为品牌的核心注入情感因素，增强品牌的核心文化；同时，在产品推广营销的过程中，将这种情感能量释放出来，打动用户，实现产品销量的稳定上升，带来爆炸式的营销效益。

5G时代，更加重视情感经济，因为情感创造了品牌、财富乃至一切。可喜的是，有些企业已经意识到了情感的重要性，并在企业经营中打出了感情牌。

几年前，有一条哈药六厂的公益广告，内容大致是这样的：

一位年轻的妈妈下班回到家，睡觉之前，给孩子洗完脚后，又接来一盆温水，给婆婆端了过去。由于感到好奇，孩子便偷偷地跟在妈妈后面，目睹了发生的这一幕。之后，妈妈坐在沙发上歇息，乖巧懂事的孩子小心翼翼地从洗手间端出一盆洗脚水，并用稚嫩的声音说："妈妈，洗脚。"

这则广告一经播出，就在社会上引起了强烈反响，几乎每一位观众都被这位孝顺的年轻妈妈以及乖巧懂事的孩子而感动，同时这部时长仅一分钟的广告也被观众贴上了“最朴实”“最感人”“最成功”“最具教育意义”等标签，哈药六厂也因为这条广告走进了千家万户观众的内心。

这条广告之所以能够产生强烈的社会效益，与其所传递的情感能量具有密不可分的关系。这条广告抓住了中国自古以来传承的“孝道”，用简单的小事传递大爱，引起了千万民众的共鸣，激发了他们对这种情感的认同。

在碎片化的互联网时代里，任何用户都不会老老实实地接受传统数字广告传递的信息，而这些枯燥、强硬的信息式传播，已经很难与用户产生共鸣，更无法打动用户，无法吸引用户参与。

伊利与网易曾合作推出过一个主题项目——“热杯牛奶，温暖你爱的人”，借助这股暖意，在寒冷的冬日给人们带来了温暖。该活动搭载网易新闻用户端，以H5页面的形式，主打温暖视觉及手掌互动。

为了吸引用户互动，开屏画面就直接呈现了一块布满哈气的窗玻璃，就像冬日里在窗上涂鸦一样，只要用户擦擦屏幕，暖心文字就会慢慢浮现，继而营造一个温暖的家庭氛围。之后的手掌互动，更进一步给用户带来了温暖的体验，用户只要将手掌贴在屏幕上，利用手机屏幕的感应机制，就能对牛奶成功“加温”。

为了扩大传播，活动中还设置了“分享朋友圈”“邀请好友一起加热”等环节，借助“一杯牛奶”的暖意，激发用户为爱而传递。

伊利既是品牌也是信息，“为爱热牛奶”既是内容也是情感，用户一般都愿意参与内容的互动和分享，也并不排斥信息的表露。笔者认为品牌比较实效的互联网数字营销，应该是“内容＋情感”的模型，因为只有这些广告，才具有持续的传递效果。

在这个复杂的科技世界，出现了更多的挖掘用户行为的数字技术，促进了精准化营销和服务的实现。但品牌的终极目标是用户，品牌必须创造更多“为人设计”的产品或服务。因为，用户是一个情感动物，无论是工作，还是消费等生活场景，都希望与有情感的人或事物进行交流。因此，只有打造一个有温度、人性化、更懂你内心的高情商品牌，品牌才能获得长久发展。

无独有偶。

2021 年初，珀莱雅聚焦毕业第一年的年轻人在 2020 年的生活状态和故事，将毕业生的个人真实经历创作成 82 张插画，然后投放在重庆网红地铁站——红土地站。同时，珀莱雅以“# 毕业第一年，与新世界交手 #”为新年主题，鼓励年轻人发现自己的力量，与脉脉联合推出了“毕业第一年”职场成长指南报告，引起了人们的广泛关注。

2020 年，874 万名毕业生走出校园，为职场输送了新鲜血液。但 2020 年新冠肺炎疫情暴发，让他们减缓了毕业的步伐：反复更改的答辩日期、无法举行的毕业典礼……他们年轻，拥有无限可能，需要独自面对生活的种种状况。

珀莱雅深刻洞察了这个人群的特殊状态，为他们量身定制了超长插画展，为他们的情感打造了一个栖息地。

很多网友都分享了自己毕业第一年的故事：

“领到工资的那一刻，我感觉很不真实……”

"爸妈说，累了就回来……"

"曾经住的城中村早就拆了，已经跟朋友不在同一座城市，但想起一起度过的迷茫时期，依然会感慨万千……"

这一波营销，珀莱雅大获全胜。

科特勒在《营销3.0》一书里指出："传统的STP市场定位模型已经无法继续创造需求，现在的营销者必须同时关注用户的内心需求。"珀莱雅从情感营销入手，深层次挖掘年轻人的情感诉求，引发了年轻群体的共鸣，维系了品牌和用户之间的黏性互动。

因此，企业要主动采取相关措施，加强与用户的情感交流，让用户对企业产生深刻的感情依赖。只有在用户那里建立情感银行，不断地存储情感，才能在需要的时候像取钱一样取出相应的情感，即对用户的相应要求。品牌的自我规范、自我认同、共情能力、品牌社交等都是提高品牌整体情商的方向。那么，品牌如何打造高情商呢？

要想获得用户最基本的信任，品牌就要抛弃自己的部分利益，守住自己的初心。

首先，要建立品牌规范，坚持"不作恶"。

其次，要有足够的信心，即品牌的自我认同感，坚信自己的优势，用诚恳的态度引导用户来认可品牌。

最后，要提高品牌的共情能力，这是提高品牌情商的关键。品牌要时刻关注和理解用户的情绪，深度挖掘用户的欲望和需要，放下对用户的表面评价，利用客观的态度让用户将自身需求主动表达出来；主动跟用户互动，把用户当作朋友，相互促进，实现品牌的升级。

第三章

5G赋能大数据，让品牌决策更智能

一、及时对标领先企业，看清企业品牌的真实状态

对标，是企业发展壮大的一大方法，因为对标的过程也是品牌向优秀企业学习的过程。

对于企业来说，对标是一种科学的管理方法，其概念起源于美国的复印机制造公司——美国施乐。

美国施乐 CEO 大卫·柯恩斯曾提出，“对标管理就是持续不断地将自己的产品、服务及管理实践活动与最强的竞争对手或那些被公认为是行业领袖的组织进行对比分析”。找到目标企业，然后收集对方的资料，比如，人员招聘、团队管理、用户管理等，进行分析，就能将对方的优点吸纳进来，为我所用，促进企业的不断发展。当然，关键还在于，要通过比较，让企业看清自己的真实状态。

如今，已经有很多知名企业建立了自己的对标体系。比如，华能集团。

早在“十二五”期间，华能就明确提出了建立对标指标体系的工作任务。

2012 年，华能制订出台了首个“创一流指标三年滚动提高”计划，设计了 8 个维度 30 项指标，并以此为基础建立了一流的对标评价指数。

2019年，按照国务院国资委创建世界一流示范企业的有关精神，华能对评价体系进行整合优化，形成4个维度15个指标的关键指标体系。

华能将影响运营和发展的主要重点因素归纳为四个方面：效益、安全、发展和党建。

效益，主要涉及财务层面、业务层面和效率层面。

安全，主要涉及生产安全、经营安全、政治安全和形象安全。

发展，主要涉及前期工作、基建工作。

党建，主要涉及思想建设、组织建设、作风建设、制度建设、反腐倡廉建设和企业民主管理等内容。

围绕四个方面的内容，华能设计了相应的评价指标，不仅系统地反映了企业的整体运营发展状况，还综合评价了企业经营业绩和管理业绩。

对标体系的建立和模型的使用，能帮助企业找到适合的对标方法，但在对标过程中绝不能只是简单地对首要和明显层面的指标进行对比，应该对指标及指标之间的联系进行分解和对标，找到造成某一表象的根本原因，找到企业深层次的问题所在，然后提供合适的解决方法。

对标是一个动态的过程，只有通过横向（企业之间）、纵向（跨时间）的比较，才能揭示出更多的行业和企业个体的演变趋势，让企业进一步认清自己，找准出路。

从本质上来说，所谓对标学习，就是一种模仿和创新，也是一个持续系统学习的过程，只要主动跟标杆企业进行比较，就能对企业自身进行策略性定位，塑造自身的核心能力，强化学习能力，最终实现流程再造、持续改善、创造优势、成就卓越等目的。

对标管理的本质可以归结为如下几个关键（见图3-1）。

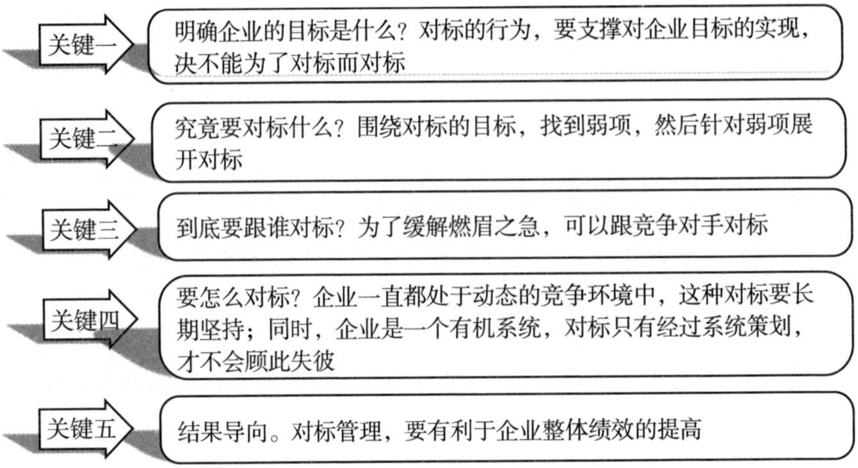

图3-1　对标管理的本质

要想全方位提高对标工作的质量，不仅要使用科学的方法论，还要结合对公司管理特征的理解，找到对标重点，提高对标工作的针对性。下面，我们就从单一行业企业、多元化企业、两类公司等三大类公司，对对标工作的重点与技巧进行一下梳理。

1. 单一行业企业的对标

这里所指的单一行业，不是仅仅局限于一个行业内开展业务的企业，而是经营范围有较明显行业分类的企业。其中，最具代表性的是资源垄断类企业和公益类企业。

（1）资源垄断类企业。这类企业多数跟国家安全密切相关，处于影响国民经济命脉的重要行业和关键领域，或处于自然垄断行业，经营专项业务，承担重大的专项经营任务，比如，石油、煤炭、电力、电信、钢铁等行业。

（2）公益类企业。这类企业以社会效益为导向，主要目的是保障民生、提供公共产品和服务。其产品或服务必要时可以由政府指定，发生政策性亏损时由政府给予补贴；多处于高速公路、地铁、水务等行业。

在实际经营中，单一行业企业面临以下几个问题。

（1）体制问题突出。单一行业企业，尤其是公益类和资源垄断类企业，所处的市场环境竞争不激烈，体制机制问题比较突出，企业管理效率不高，无法将企业活力充分激发出来。

（2）风险抵御能力不足。所处行业单一，无法通过分散投资来抵御收益波动风险，风险抵御能力不足。

（3）政企边界模糊。这类企业与政府紧密关联在一起，企业发展会较大地受到政府政策的影响，政企边界不太清晰。

（4）缺少精益化管理能力。这类企业面临的社会风险和压力都比较大，营业收入要受到政府价格的控制，但缺少精益化管理理念，成本长期居高不下。

（5）单一行业企业的对标。开展对标工作，单一行业企业要重点围绕以下三个方面开展。

主动进行科技创新。单一行业企业要积极对标相关行业内的国际先进科技创新实践，提高科技创新能力，更好地履行社会责任，争取在可持续发展方面成为国际典范。

重视社会价值的实现。单一行业企业，例如，资源垄断类和公益类企业，明确对标的意义时，既要重视社会责任的实现，更要有针对性地找到类似的世界一流标杆企业，然后再开展对标工作。

突出精益化管理。要借鉴国际先进的精益化管理手段，降低经营成本和管理成本，提高风险管理能力，逐渐提高国有资本的利用率。

明确了对标工作重点，单一行业企业就能重点从经济表现、运营表现、社会表现、环境表现四个维度对同行业企业进行基本判断，界定和选取合适的标杆企业，主动开展对标工作。

2. 多元化企业的对标

翻看世界 500 强企业榜单，总能看到这样一条规律：基本上榜上排名前列的企业都是多元化产业集团，或都不同程度地采取多元化经营策略。虽然具体经营特征也有不同，但相同的是，各大集团都希望通过多元化产业经营，实现在市场、管理、资金等方面的规模优势；同时，希望通过分散经营，提高集团的抗风险能力。但是，我国各大产业集团在实际经营中，多元化产业经营出现了很多问题，如表 3–1 所示。

表3–1　多元化产业经营出现的问题

问题	说明
盲目扩张失去控制	进行多元化经营时，部分企业盲目扩张，而管理团队在一定时期的经营资源、管理能力和管理幅度等都是有限度的，一旦超过限度，就会失去对多元化的控制力，造成现金流断裂
协同不佳管理质量下降	多元化企业一般都有着众多层级与分支机构，如果各产业板块与企业无法产生有效的业务协同与管理协同，会直接加重集团总部的管理负荷，无法提高整体管理质量，更无法取得预期的规模经济效益
缺少竞争优势	凭借原有的产业或业务，我国企业通常都比较容易进入新的行业或业务，但一般都缺少难于被人模仿的技术能力或相关资源，利润率一直较低，不能保持相对竞争优势
没有技术相关性	由于各种原因，多数企业都没有核心能力，企业无法追求技术的相关性发展，只能把更多的力量放在经营运作上，进行多元化发展，比如，追求渠道和管理的相关性

企业之所以能进行多元化发展，内在动力是企业能够凭借自己的核心竞争能力进入新领域，并持续保持竞争优势。因此，与世界一流多元化产业集团对标，关键就是对其核心竞争能力的对标。

由此，完全可以将多元化产业集团核心竞争能力定义为市场、管理、资源三方面能力的结合。

市场竞争力，主要有两个层面：一是核心业务的市场竞争能力，即核心业务与核心产品是否已经具备市场影响力，是否已经形成核心竞争优势与发展前景。二是母合效应，指母公司能否给各产业板块提供充分的业务管理支持，并使板块之间产生较好的业务协同？

管理竞争力，主要是指能否通过管理创新，形成竞争优势，例如：高管的管理思路是否先进？集团管控是否高效？集团化业务运作机制是否畅顺？是否进行了运营模式创新？是否拥有集团管理人才？是否实施了有效的激励等。

资源竞争力，是核心竞争力的重要部分，一种资源配置和组合的能力，是将资源转换成生产力的能力。所以不完全是技术关联性的多元化经营，主要是指多元化产业集团能否通过优秀的管理机制，努力形成技术优势；能否进行技术关联性的多元化经营，提高核心竞争力。

3. 两类公司的对标

两类公司虽然在功能定位、管控模式、设立目标和发展方式上都有所区别，但在经营管理上存在共同点，比如，都注重战略管理、投资管理、产融结合、产业运作和风险管理五大核心领域，完全可以结合这些核心领域，确定对标目标和对象。

（1）产融结合，要重点关注企业产融结合的方式和途径，并对产业和金融权重进行权衡。可以通过产业运作获取金融牌照，由产到融，借助金融板块的发展，进一步促进产业发展，以融促产，推动产融的有效协同。

（2）资本配置，要通过产业投资和运营，对国有资本配置进行优化，强化企业的核心产业能力，实现两类公司国有资产的保值和增值功能。

（3）战略新兴产业，要对深耕战略新兴产业进行投资，提高两类公司的市场化能力，加速两类公司市场化转型，深化企业改革。

（4）投资管理，要关注投资全流程能力，共包括四个环节：资金募集能力、项目投资能力、相关管理能力和项目退出能力。

（5）产业运作。要重点关注企业的产业运作方式，比如，打造公司平台，强化核心业务，实现核心业务在资本市场的价值。

（6）战略管理。要关注战略管理体系的建立、投资策略与评估、战略性政府事务、战略管理闭环。

（7）风险防控。要重点关注组织设计、管控机制、全球合规管理机制和风险管理等闭环设计。

二、结合大数据，系统把控品牌建设的决策因素

品牌，是指消费者对产品及产品系列的认知程度，是人们对一个企业及其产品、售后服务、文化价值的一种评价和认知，是企业竞争力和自身实力的综合体现。5G时代，结合大数据，反而更能够系统把控容易影响品牌建设决策的因素。

茵曼是汇美集团旗下的一个互联网服饰品牌，是最早一批随淘宝成长起来的品牌。其主要生产和销售棉麻生活用品，先后获得“2011年全球十佳网商30强品牌”“2013年淘宝双十一女装冠军”“连续三年位居天猫商城女装品牌Top5”“淘品牌女装Top3”“淘宝第一原创棉麻女装品牌”等殊荣。

从2015年开始，茵曼开始从线上走到线下，在实体服装店纷纷关门的时候，铺设了线下门店渠道。当时，一个好友劝茵曼老板不要轻易如此；但是，茵曼老板却认为，在实体店难做的时候，反而有更多的机会。之后，茵曼便毅然决然地投入线下渠道的建设过程中。当年7月，茵曼启动了“千城万店”计划；到目前为止，已经开出了600多家门店。

基于平台门店模式，茵曼运用“数字零售+数据中台+智能制造”的产业互联网逻辑，实现了工厂端、品牌端和零售端的协同，打开了企业边

界，形成了一个品牌生态。

数字零售。在零售端，茵曼将电子商务和平台门店上下联通起来，用加盟商佣金制实现了品牌、商品和供应链的统一管理，并与用户需求之间建立了灵敏反馈。如今，茵曼正在努力推进家庭生活场景化的布艺产品跨品类经营，一个棉麻生活空间即将被打造成功。

数据中台。在品牌端，茵曼通过自主研发的数据中台，实现了面料研发、新品设计、产品企划、库存管理、活动促销、返单补货等流程的智能决策；建立起“用户需求—产品设计—柔性制造—仓储物流—线上线下零售—用户需求迭代”的闭环。

智能制造。2018 年，茵曼在江西于都投资建设了 14 万平方米的智能制造产业基地，引进了全球顶尖的生产设备设施，打通了智能制造与数据中台、数字零售之间的数据连接。同时，茵曼还将智能工厂端的实践经验输送给上游工厂合作伙伴，让供应商的效率和品质跟茵曼实现了同步。

茵曼尝试“两条腿”走路，经过不断摸索，不仅形成了适合自身发展节奏的“平台门店”模式，还以产业互联网的分享理念，形成了品牌未来发展模式的雏形。

品牌是一种软实力，而要想搞好品牌建设，却需要一定的硬功夫，绝不能纸上谈兵。精心组织的宣传推广，只能让受众认知某一产品，无法让受众对该产品产生信赖，品牌自然也就无从谈起。

品牌建设需要经历一个长期的过程，那么，如何才能完成品牌建设呢？影响品牌建设的因素都有哪些？

1. 产品质量

质量是一个品牌的基础和生命，也是一个品牌的灵魂。品牌靠什么取胜？靠什么跟同行业竞争？产品。同时，产品质量过关，也是用户对企业和品牌放心的关键。质量不好，即使品牌包装绚丽多彩，也终究是一个空壳。那么，如何保证产品质量呢？方法如表 3–2 所示。

表3–2　保证产品质量的方法

方法	说明
树立预防意识	“产品的品质是生产和设计出来的，不是靠检验出来的，第一时间就要把事情做好。”这并不是一句口号，它很好地体现了产品质量的预防性，如果忽视了源头控制，就无法控制产品质量。即使投入大量的人力去把关，没从源头对次品或废品进行控制，也会极大地提高产品成本；况且，有些产品质量问题还可能无法从后道工序发现并弥补。因此，要想预防品质问题的出现，就要做好预防，在第一时间把事情做好，不能偷懒
提高品质认识	企业要运用大数据，收集各类品牌质量不好对企业造成负面影响的例子，让员工认识到：产品质量不好，就没有市场；没有市场，品牌就会失去利润来源，时间长了，企业就会倒闭，随之而来的就是员工失业。当然，对于公司来说，即使产品质量有保证，市场发育良好，也要居安思危，努力提高产品品质，营造更好的品牌口碑。有了好口碑，自然就能吸引来用户了
树立责任意识	质量问题的出现，多半还在于管理层，只有20%的问题源于员工。也就是说，管理者可控缺陷约占80%，操作者可控缺陷一般小于20%。管理者不仅要完善自己的管理水平，还要使操作者明白如下四点：知道他怎么做以及为什么要这样做；知道他生产出来的产品是否符合规范的要求；知道他生产出来的产品不符合规格将会产生什么后果；操作者具备对异常情况进行正确处理的能力
树立用户意识	企业不管采取什么策略或进行哪种营销活动，都要以用户为中心。企业要树立用户意识，将自己当作用户，把自己看成下一道工序的操作者，才能自觉地把工作做好，保证产品品质；偷工减料，不仅会伤害到产品质量，还会对企业或品牌的信誉造成伤害，继而直接危害到自己的切身利益
树立程序意识	品质管理是全过程、全公司的，而各过程之间、各部门之间的工作必须是有序的、有效的，要想提高产品质量，就要让所有的品质管理者、操作人员都严格按程序做，否则就会增加出错的机会，无法保证产品质量

只要满足了上述五点，或具备生产中的设备、工装、检测及材料等物质条件，依然发生了故障，则认为是操作者可控的缺陷；如果上述五点中

有任何一点不能得到满足，或不具备生产中设备、工装、检测及材料等物质条件，出现了故障，那就是管理者的责任。只有了解品质问题的责任，才能有的放矢地改善问题，继而提高品质。

2. 用户服务

用户服务是维系用户、提高用户价值的重要支柱，也是企业可持续发展的战略基石。要想做好品牌建设，就要在用户服务上下功夫。

5G 的到来，我们已经从语音经营时代进入移动互联网时代，用户主体结构、消费习惯等也发生了本质变化，用户终端智能化、上网碎片化等趋势明显，不重视用户服务，企业或产品都将黯然失色。由此，打造卓越的用户体验也就成了 5G 时代俘获用户、提高服务竞争力的不二法门。

服务的终极目标是适应用户的人性、满足用户的需求、满足用户体验感。5G 时代，移动互联网快速发展，服务质量的衡量标准不能局限在用户满意度，要不断地提高用户体验，主动倾听用户的心声，掌握用户的真实需求，将用户体验作为衡量服务质量的终极标准。

3. 品牌形象

产品是企业的，品牌却在用户心里，只有抓住用户，才能更好地维护好企业的品牌形象。

针对 5G 时代所呈现出来的诸多特征，笔者认为应该从以下方面做好品牌形象的传播。

（1）仔细甄别用户要什么。过去，企业进行品牌形象宣传时一般都是以我为主，5G 时代，设计品牌形象传播策略，不仅要甄别不同渠道的宣传效果、不同渠道的费用核算，还要考察不同渠道对潜在用户的影响。如今，媒介过多、平台过多、选择面过宽，企业反而可能失去传播方向和传播重点，只要甄别“用户想要什么”就可以了。企业需要为自己的用户准确画像，描绘用户的年龄阶层、文化程度、个人生活习惯、阶层心理特性等。然后，围绕用户的消费需求、欣赏水准、活动范畴和喜好标准，准确判断出用户究竟想要什么内容、以什么形式展现，然后为他们提供相应的内容。

（2）以量取胜。只要传播数量达到一定规模，自然就能形成相应的品牌价值。如果目标用户在目所能及的范围内能常常见到你、发现你，他就会对你留下印象；只要有印象，品牌传播就成功了一半。因为目标用户会潜意识地认为，你是一个不简单的品牌。而品牌形象传播的目标，就是为了在目标用户心中占据重要位置。因此，品牌传播要按照这样的顺序进行：在合作前，植入用户的内心；在合作中，让品牌意识顺利成长；在合作后，让用户感觉良好。

（3）重视视频和图文。移动互联时代，视频形式的品牌形象表达处于第一位。这是这个时代最突出的品牌传播特征。单纯的文字和图片，作用远远不够。视频传播，尤其是短视频传播，必然会成为品牌宣传的主流形式。此外，还有图片，以及图文形式。无论是线上还是线下做品牌形象传播，企业都要遵照视频第一、图文第二的原则。

（4）有话好好说。在这个内容交会的时代，目标用户最需要的就是真实的、不矫揉造作的内容。所以，企业进行品牌形象传播时，必须本着“有话好好说”的准则来进行；弄虚作假，表里不一，口是心非，无病呻吟，只会引发用户的厌烦。

（5）提高创意。要想把品牌形象植入目标用户的内心，就要提高创新意识；要想提高品牌形象的传播效果，同样不能缺少好的创意。在品牌形象的传播过程中，企业既要不断地进行内容创新，提供丰富的内容；还要通过时不时地创意，让内容变得更有内涵，给人留下更深刻的印象。

（6）故事、活动与参与感。移动互联时代，品牌形象传播首先就要用故事为品牌增添文艺属性，用活动为品牌增加曝光机会，用参与提高目标用户的兴趣。

企业做形象传播，最忌讳的一点就是内容单薄，形式死板，维度稀少。有了故事，品牌就有了文化载体；有了活动，就能跟用户互动；有了参与感，就能让目标用户将自己的圈子和社群带动起来。借助这些内容，再加上前面说的那些内容，品牌形象传播也会变得简单而省钱，还能取得好的效果。

4. 企业文化

生机勃勃的企业文化不仅可以带动一个品牌的发展，更能影响企业的内部凝聚力。

5G时代，企业文化传播实现了多向互动，企业要主动适应这种特点，既要利用好传统文化的传播渠道，又要利用好互联网时代企业文化表现出的民主性、互动性、共享性和社会性优势，借助新媒体平台，建设好企业文化。

（1）加快新媒体平台建设的步伐。在互联网新媒体蓬勃发展的环境下，企业建设要想打造积极的企业文化，完全可以借助新媒体优势，扩大传播渠道，有效地将企业价值观、企业精神、企业形象、企业服务文化、产品质量文化等理念传播出去。而要想做到这一点，首先，要加快新媒体平台的建设步伐，使企业文化价值观和企业精神理念更广泛地在各群体人员之中传播，扩大企业知名度，树立企业形象；其次，要努力完善新媒体运维制度，把好推送内容这一关，安全、合法地做好信息编制、内容推送和舆情引导，加强网络安全防范，确保新媒体的健康运行。

（2）引导年轻员工在文化建设中发挥主体作用。青年员工是伴随着互联网长大的一代，他们更懂得如何使用互联网，能够充分发挥自己的创造性思维，创造出奇迹，给企业的生产经营带来新鲜气息。企业要高度重视他们的创造性思维，尊重他们的创造性价值，激发他们的积极性、主动性和创造性，鼓励他们主动贡献智慧和"金点子"；还要重视先进典型的示范效应，树立先进典型，在企业内部营造"学先进、赶先进、超先进"的浓厚氛围。

（3）营造有利于创新的文化氛围。在多变的5G时代，"创新"是赋予企业的责任和使命，不仅要创新企业文化建设，更要努力根植创新文化。品牌要积极面对多变、多面、多媒体的氛围，要弘扬创新精神，激发创新动机，将目不暇接的互联网信息和技术带来的各种压力转化为创新动力，最大限度地发挥人的积极性和创造性，最大限度地挖掘人的勇气和潜能，将新文化与传统文化融合到一起，打造一个创新的企业文化体系。

（4）通过互联网载体加强企业文化价值观管理。价值观是企业文化建设的灵魂，加强企业价值观管理，就能将抽象的企业价值观转化为可操作的具体思想和规范，讲清楚为什么做、做什么、怎么做、做到什么程度等，让员工明白，然后自觉行动。而要想做到这一点，就要充分利用网络、新媒体和自媒体平台，开辟企业文化专栏，嵌入企业价值观介绍链接，在潜移默化中将企业理念传递出去。

（5）打造优势企业文化，让企业赢得先机。5G时代，企业文化受到众多的不良冲击，既然要进行企业文化建设，就要着力打造独特的优势企业文化。同时，还要依据总体发展战略，对现有企业文化的理念、发展愿景、制度规范等进行全面梳理，提炼成优势文化基因，然后以此为内核，对原有企业文化进行重塑再造，有效地凝聚员工队伍，激发员工斗志，提高企业竞争力。

5. 广告宣传

品牌建设，最离不开的是广告宣传。在这个“好酒也怕巷子深”的时代，缺少广告宣传，是万万行不通的。企业要通过宣传推广，逐渐提高品牌的知名度、美誉度和信任度，提高企业品牌的价值。公关能帮助企业更好地做到形象和品牌管理，成功的公关不仅可以为企业带来营销额数字的增长，更有助于企业建立合适的企业形象，并为企业带来良好的经济效益和社会效益。

三、优化品牌建设过程，让大数据为品牌加持力量

品牌建设的主要目的，是使用营销策略和广告活动来提高企业业务意识，在市场上创造出独特而持久的形象。

对于现代企业来说，建立品牌形象是企业参与残酷商业竞争的必经之路。随着互联网技术的提高，从PC、移动互联发展到智能互联，品牌建设既遇到了挑战，也迎来了更多的机会。

在生产环节中，供应链体系的优化一直都是传统企业所追求的目标，移动互联网盛行的时代，要想进行品牌建设，就要格外关注以下几个方面。

（1）要将品牌建设打造成阳光行动，从头做起，以小见大，进行全生命周期的管理。即使是“英雄”，也要问问他来自哪里，即“问出处”。

（2）品牌是一种品质符号，只有高品质才能撑起好品牌，才能经久不衰。所以，在品牌建设中，要抓好品质建设。

（3）品牌培育有基因，要在品牌中注入文化基因。有的品牌之所以无法打动人心，最重要的就是缺少文化内涵。

（4）品牌建设要用数字来定义，要加快推进品牌的数字化，促进品牌网络化共享；同时，要深度开发数据，广泛利用大数据，更精准地对接市场，适应定制化的消费需要，逐渐提高品牌影响力。

（5）要将品牌建设当作一种战略，将它放到重中之重的位置上，长期坚守，持之以恒。

“品牌为王”的时代，越来越多的企业开始注重品牌塑造和品牌营销，有些企业甚至还选择与专业品牌策划公司合作，通过专业的品牌包装、品牌策划和线上推广，进行更有广度、更有深度的品牌宣传，更好地进行品牌建设。

当然，要想更好地建立品牌，要经过以下几个步骤（见图 3–2）。

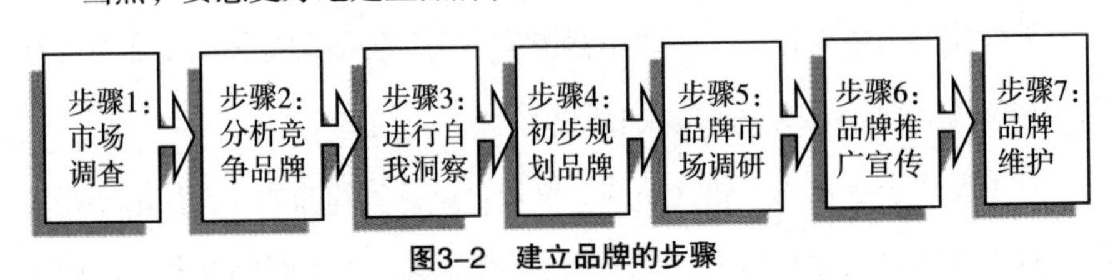

图3–2 建立品牌的步骤

步骤 1：市场调查。品牌建立并不是随性而为的，也不是空想的，而是建立在市场需求上的，有需求才会相应诞生产品品牌。所以，要想建立品牌，首先就要进行市场调查。记住，用户的消费要求、消费潜力和消费观念，决定着品牌形成的效应。

步骤 2：分析竞争品牌。建立品牌前，企业存在的竞争品牌，要对它们的优势和弱势等进行分析，取其精华，主动吸收其优秀的内容，对其不足的地方要加以检讨，品牌才能快速成长起来。

步骤 3：进行自我洞察。品牌是企业的核心价值，是企业对外的形象点，不了解自己的品牌，如何要求别人去了解？所以，企业要进行品牌建设，就要先了解自身企业的形象、规划和产品特点。

步骤 4：初步规划品牌。特色品牌，更容易被人记住。品牌初步规划，内容主要包括品牌的定位、命名、个性和主张等。其中，品牌命名更具有特色，比如，简单易懂，朗朗上口，具有个性。要知道，品牌体现了什么？品牌定位的消费人群如何？

步骤 5：品牌市场调研。塑造品牌并不是一蹴而就的，需要从各方面了解。在进行正式的宣传推广前，还需进行市场调研；然后，通过数据分析，更好地改进，最大化地适应市场需求。

步骤 6：品牌推广宣传。品牌最终的目的，就是推广宣传。品牌推广宣传也是品牌建立过程中最为重要的一步，只有将前面几步都做好了，才能进一步做好品牌推广宣传。

现代品牌宣传推广的方式主要有三种。

第一种方式是传统的电视媒体广告推广，虽然能取得一定的效果，但是需要花费大量的资金。

第二种方式是随着互联网繁荣而诞生的网络宣传，利用自媒体、微信、软文等进行线上推广，花费资金不多，就能达到传播的目的。

第三种方式是线下品牌活动宣传，通过活动营销的形式，进行品牌推广，拉近用户与品牌之间的距离。

步骤 7：品牌维护。品牌仅被用户熟知还远远不够，还要进行品牌维护。品牌形成后，还要经历一个维护的过程。好品牌的打造，离不开形成之后的维护。因此，企业在维护品牌形象的同时，也要持续地对品牌进行宣传推广。

总的来说，没有品牌的企业就如一个没有灵魂的躯壳，只有建设自身企业品牌，才能提高企业竞争力，才能在激烈的商业竞争中站稳脚跟、逆流而上。

四、利用大数据分析并做好企业品牌推广

品牌是企业的门面，也是企业的代名词。在日常经营过程中，准确塑造企业品牌，能增加用户的认可度。

近些年来，随着市场竞争力的不断加大，企业之间的竞争也越来越激烈，想要在竞争如此激烈的市场中占据一席之地，不仅要打造质量上乘的产品，还要积极构建好的品牌效应。

进行企业品牌推广时，要充分利用大数据，对当前市场行情综合性分析，需要考虑的因素主要包括企业需求、市场行情等。而对企业需求的了解，主要看企业文化、未来发展的方向、现今的综合实力。将这些问题都考虑清楚，再确定推广策划。

当然，市场行情分析，并不是一个简单的过程，需要考虑较多的因素，不仅要对整个市场行情进行调研，还要在调研过程中收集相关数据并对数据进行分析。在整个行业当中，沉淀的数据较多，想要从海量数据当中获取有用的数据，仅靠人工根本无法实现，需要使用一定的大数据分析软件。因为，只有应用软件，才能确保提取数据的准确性，还能提高工作效率，甚至根据企业自身需求，进行特定数据的提炼，确保品牌推广的整体效果，最大限度地满足企业发展需求。

所谓品牌营销，就是通过市场营销使客户形成对企业品牌和产品的认

知过程，企业要想不断获得和保护竞争优势，必须构建高品位的营销理念。那么，履行品牌营销推广时，如何才能制订品牌推广计划呢？

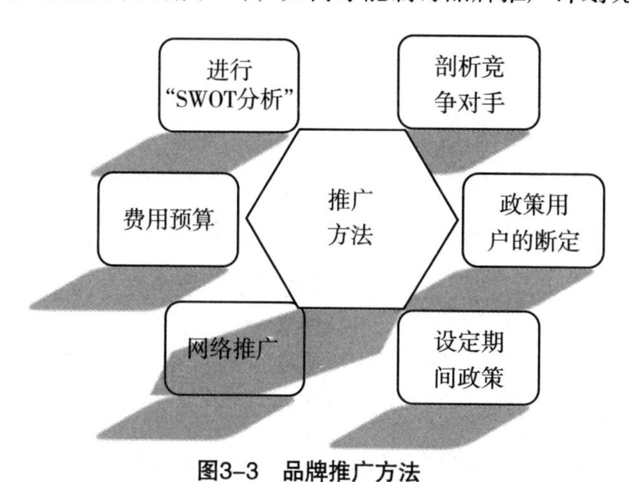

图3-3　品牌推广方法

1. 进行“SWOT 分析”

这里，S（strengths）是优势、W（weaknesses）是劣势、O（opportunities）是机会、T（threats）是威胁。按照企业竞争战略的完整概念，战略应是一个企业“能够做的”和“可能做的”的有机组合。

所谓 SWOT 分析，就是基于内外部竞争环境和竞争条件下的态势分析，将与研究对象密切相关的内部优势、劣势和外部的机会和威胁等，列举出来，并依照矩阵形式排列，然后用系统分析方法，把各因素进行匹配，做出分析，从中得出结论。

运用这种方法，就能对研究对象所处的情景进行全面、系统、准确的研究，从而制定相应的发展战略、计划和对策等。比如，企业网站怎样才能制作精巧，超过业界大多数网站，给用户树立出色的榜首形象？怎么写品牌推广，才能提高潜在转化率（竞争优势）？新建网站的基础太过单薄，培养周期较长，如何应对？缺少基础数据库，无法进行科学的剖析与预期，只能慢慢探究跋涉，可能会出现差错，如何应对？

2. 剖析竞争对手

知己知彼，百战不怠！对竞争对手分析，是任何企业都要做的事情。因为只有充分了解自己的竞争对手，才能更好地发挥自己的优势，取得先机。主要的分析内容包括：

要对每一个竞争对手做出尽可能深入、详细的分析，揭示出每个竞争对手的长远目标、基本假设、现行战略和能力，并判断其行动的基本轮廓，特别是竞争对手对行业变化，以及当受到竞争对手威胁时可能做出的反应。

（1）竞争对手的长远目标。分析竞争对手的长远目标，可以预测竞争对手对位置是否满意，判断竞争对手会如何改变战略，以及他对外部事件会采取什么反应。

（2）竞争对手的战略假设。企业确立的战略目标，本都是建立在他们的假设之上的。这些假设可以分为三类：竞争对手信奉的理论假设；竞争对手对自己企业的假设；竞争对手对行业及行业内其他企业的假设。对竞争对手战略的假设，无论是对竞争对手，还是对自己，都要仔细检验、认真分析，以便识别出所处环境的偏见和盲点。

（3）竞争对手的战略途径与方法。竞争对手企业的战略途径与方法是具体的、多方面的，应从多方面进行分析。

（4）竞争对手的战略能力。不管是目标，还是途径，都要以能力为基础。对竞争对手的目标与途径进行分析后，要深入研究竞争对手是否有能力采用其他途径实现其目标。如果企业具有一定的竞争优势，就不必担心在何时何地发生冲突了。

3. 政策用户的断定

细分产品商场，断定政策用户群，与竞争对手进行差异化推行。对政策用户进行剖析，主要内容涉及年龄、性别、兴趣爱好、收入水平等；对政策用户的网络习气剖析，主要内容涉及政策用户经常去的网站、社区、论坛；对政策用户的接受信息反应剖析，主动查找信息、对被迫接受信息的反应剖析。

4. 设定期间政策

制定了政策，就能进行一个转化率的作用预期。无论是 SEO（搜索引擎优化）还是 SEM（搜索引擎营销），都要设定一个期间性的政策。比如，在发布后 1 年内完结每天独立访问用户数量、与竞赛者比较的相对排行、在首要查找引擎的表现、网站被衔接的数量、注册用户数量等。写作品牌推广内容的时候，可以参考许多指数，比如，关键字排行、网站录入量、外链录入量、IP、PV、跳出率等。对于网站，要建立数据库、实时进行数据剖析和调整，为企业拟定更实践的政策、供应可靠的数据基础。

5. 网络推广

通常网络推广的办法共有两个：一个是单纯地进行 SEO，另一个是将 SEO 和 SEM 结合起来。网站在推广前，要想好究竟要运用哪种办法。两种办法在人员配备、作业界容、资金预算和作用预期等方面都存在很大的差异，具体来说，主要包括以下方面。搜索引擎推行，包括：SEO 搜索引擎优化、百度竞价排名、Google 竞价排名等；广告投进：在相关职业的门户网站、闻名网站进行广告投进；邮件、论坛、知道问答、博客、QQ 等网络推行办法。

6. 费用预算

产品推广，离不开费用，即使是所谓的免费推广，也是要由人去做的。但不同的推行办法，需要支出的费用大不相同，要依据需求、预算等合理安排。

第四章

助推市场反应增速，促进新经济模式革命

一、活化大数据，形成市场反馈的闭环模式

生活中，我们总会吐槽或听到他人吐槽“某某产品真差”“某某产品体验真好”……其实，品牌只要将这些用户表达收集起来，就是非常好的需求点，可以更好地完善产品。

每天，人们都要面对各种各样的反馈。在激烈的市场竞争中，只有充分收集、整理、归纳、分析和总结这些信息资源，才能为产品研发和营销决策提供可靠依据，企业才能确定决策的目标和发展方向。

“王者荣耀”正式上线西施人物后，一直争议不断。

有人认为，西施的出场动画太过搞笑，一点儿都不符合历史上四大美女的气质人设，更无法跟游戏里的王昭君、貂蝉和杨玉环等相提并论。无论是出场动画，还是游戏中的人物模型，都难以让人满意。

面对玩家口径一致的吐槽，“王者荣耀”决定下架重改。

这就是基于市场反馈，对产品进行的完善。

再举几个例子。

例 1：

苹果公司刚开始做手机的时候，在他们的一份市场调研中，很多人表示，如果他们自己设计产品，为了更方便地充电，会将产品的充电孔设计成不分正反两面的，如此，即使是在深夜，也不会出现摸来摸去插不上的情况了。后来，苹果推出产品时，就设计了不分正反面的充电孔。就是这样一个小小的创意，成就了苹果手机的一大竞争优势。

例 2：

乐高曾在世界最具影响力品牌的评选中高居第二，就是源于它与用户保持紧密互动，并重视用户的反馈。

乐高经常会公开向粉丝收集产品的反馈信息，并征集产品创意。同时，还会将呼声较高的创意放到公司官网上，让用户进行投票，之后再对投票结果进行筛选。

如此，就为该品牌的创新和发展提供了最直接有效的方式，保持了自己的创新力。

例 3：

青岛啤酒每年都会评选“用户最喜好的青岛啤酒”，每款新品的推出，都是针对用户需求的品质精酿。

深受女性用户喜爱的炫奇果啤、为球迷打造的足球罐，为喜庆设计的鸿运当头……都是广大用户追捧的“爆款”。

“爆款”啤酒的打造，主要得益于：雄厚的科研技术支持，酿造团队人才软实力的强大支撑；青岛啤酒始终紧扣用户需求，重视用户意见。由此，才能酿造出引领啤酒行业品质消费、深受用户喜爱的啤酒。

市场反馈是指市场信息反馈流程前后衔接形成的一个完整的闭环管理体系。也就是说，生产经营在市场产生的信息，要最终返回生产经营中去。

现实中，反馈无处不在，从我们的身体反应到生活中的各种设计、交互，都是非常具体的、非常有用的反馈。对于品牌来说，及时听取用户反馈进行产品改进，非常必要，具体方法如下（见图 4–1）。

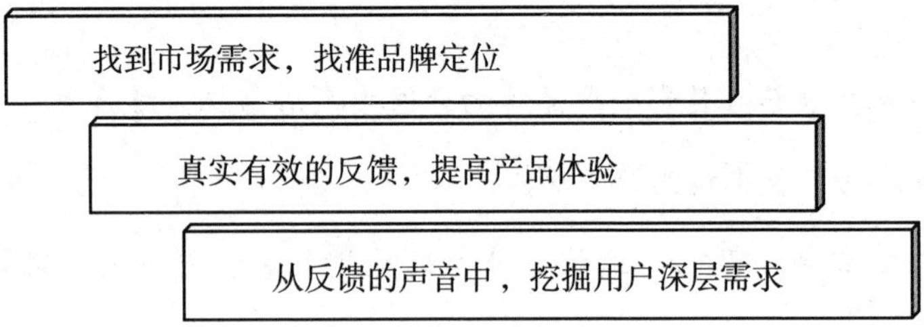

找到市场需求，找准品牌定位

真实有效的反馈，提高产品体验

从反馈的声音中，挖掘用户深层需求

图4–1　市场反馈模式

（1）找到市场需求，找准品牌定位。任何决策都能从“众口一词”中得来，要想提高决策的质量，就要以不同意见为基础，从不同的观点和不同的判断中做出抉择。

不同的观点，往往来自不同的立场或对信息不同角度、不同程度的掌握。也许正是因对方所看到的现实不同、关心的问题不同，才产生了不同的观点，善于决策的品牌一般都会把观点冲突看作完善自己想法、开发自己想象力的工具。

5G 时代，任何单方面的场景设置都无法确保一定能满足用户的要求，无论身处哪个行业，品牌都要在提供用户体验的过程中倾听自己的用户心声，评估他们对产品、服务、品牌、体验以及情感的认可度，了解用户的关切点，持续改进提高。

（2）真实有效的反馈，提高产品体验。只有进行真实有效的反馈，才能打造更好的产品体验。因此，不仅要在品牌决策时多听取用户的意见，还应该在设计产品时多给用户反馈。

从最经典的游戏“俄罗斯方块”到风靡全国的“全民消消乐”，这些游戏的及时反馈机制：随时计分，消除立刻奖励，通关金币奖励，且实时更新好友排名，让玩家在每一个环节都得到了应有的反馈。

在面向 C 端用户的产品中，最常见的就是互动反馈设计，包括：点赞、评论、分享和转发。在产品使用的过程中，通过产品使用行为与其他用户产生互动，就能增强用户使用产品的参与感，从而持续地使用产品。

比如，最常见的等待加载页面，就能通过良好的系统反馈设计和文案，有效地降低用户的焦急心理。

再如，每次开机时，360 都会弹出窗口，说你开机用了多长时间，说你超越了全国百分之几的用户。其实只要用 360 提一下速，就会发现超越人数变多，在不断的点击中，无形中也就增加了用户体验。

反馈的意义在于，向用户传递信息，告知用户当前发生的变化……对这些信息进行反馈，不仅能增加幸福感的次数，还能取得意想不到的正面激励效果。

（3）从反馈的声音中，挖掘用户深层需求。虽然倾听反馈很重要，但用户或用户的作用并不是要告诉你如何去解决问题，而是要帮你指出问题在哪里。

很多时候，品牌都需要从这些反馈的声音中找到用户的真实需求。亨利·福特曾说过：“如果你问你的用户需要什么，他们会说需要一辆更快的马车。因为在看到汽车之前，没人知道自己需要一辆汽车。”用户一般都不会先知先觉，企业需要跳出时间的局限，引领用户需求。

比如，麦当劳经过认真观察用户，发现购买奶昔的用户，大多是在早上8点前，都是为了打发早上开车上班的无聊时间。只不过，这些行为动因十分隐秘，用户自然就不会刻意地去分析需求真相。意识到这一点后，麦当劳将奶昔变得更浓稠些，不仅更好地帮用户填饱了肚子，又延长了用户吸奶昔的时间。

用户思维是有局限的，由于个人的知识、信息、经验和能力等限制，他们会做出很多错误的判断，或对企业提出误导性的问题。

需求，从来就没有被完全满足过。只要有消费能力，需求就能不断变化；只要时代在变，外界环境在变，需求也会被裹挟着变化。所以，对于用户来说，需求能换；对于产品来说，需求能深挖。

二、疏通主流程，确保大数据极速关联重要节点

近几年，大数据基础设施日益完善，大数据技术的发展一日千里，人类正从IT时代走向DT（数据处理技术）时代，人类社会制造出的数据呈指数级井喷，以大数据驱动的营销应用得以更好地实现，重要性越来越凸显。

越来越多的企业将用户分析甚至企业应用同大数据融合起来，整合优化提高自己的流程、产品和决策，让运营管理变得更有效。

为了捕捉市场变幻莫测的消费趋势，良品铺子煞费苦心。

其以周为单位，利用订单管理系统（OMS）中的大数据模块对用户的行为进行监控和统计分析，每月都会平均随意抓取超过100多万条用户意见和评论，对各式海量数据进行反馈，对用户的行为偏好和消费倾向进行分析洞察。

同时，还基于大数据，进行用户画像描摹，并通过用户画像、用户行为和偏好数据，结合个性化推荐算法，为兴趣和需求不同的用户推荐不同的商品或产品，真正实现“投其所好”，实现推广资源效率和效果最大化。

截至2020年上半年，良品铺子全面整合了由37个线上渠道及2100家线下实体零售门店组成全渠道体系，实现一个中台系统OMS，打通了会

员、商品、促销、订单、库存、物流六大要素。

如今在线上，良品铺子已经完成200多家平台渠道的对接，从订单快速获取、智能审核到发货后及时同频，形成了渠道营销的闭环产品。比如，何时进店、何时卖出、卖给了哪个用户，整个流程都有数字记录；App日活跃用户数量超过10万人，一年安装量超过500万次，为全渠道数字化提供基础；通过App、小程序等自有渠道的大数据埋点，采集用户登录、注册、点击、浏览、下单、领券、核销券、购物评价等数据，精准洞察用户的行为，为用户提供个性化的产品和服务。

在OMS中台架构中，不仅统一了原先30多个渠道的会员数据和权益管理，还与用户充分互动，为用户提供了秒杀、看剧购货、拼团免单等互联网新玩法。

此外，在支持精准营销活动方面，会员画像和营销活动的发起，实现了从手工进化到自动，技术团队的用户圈选准备时间从半天缩短到15分钟，系统响应时间缩短为原来的十五分之一，结果分析提速到小时级，不断优化投放模型，提高了良品铺子的产品营销精确率。

事实证明，利用满意度调查表，确实能让企业发展得更好，王品集团就是这样做的。

初看王品台塑牛排的意见调查表，与通常的餐后问卷并无二致，但细究一下就会发现其细致之处，比如，在用餐后感觉的问题中，详细列举了主餐、面包、汤类、沙拉、甜点、饮料、服务和整洁等类别。除了常规的满意度调查，还涉及用户生日和结婚纪念日等个人问题。王品遵循用户自愿填写的原则，即使这样，每月依然能收到约2000份新用户的有效资料。

为了及时得到用户反馈后的分析，王品开发部成立了一个资料分析小组，根据满意度，寻找产品和服务的问题；通过用餐频率，对用户的忠诚度进行分析；询问用户是否愿意推荐给家庭成员或朋友，比满意度更能了解用户的真实想法。透过数据分析，店长也能从中针对异常情况做出管理控制。

王品主打中高价位套餐制西餐料理，消费群体多数都是中高端的商务人士。针对这类消费群体，王品每个店大约设置 60 名服务员，一名服务员只负责两桌客人。在就餐过程中，如果客人对某项菜品表现出了特殊喜爱，服务员会当场询问他是否需要多来一份，并将这个偏好信息录入王品的用户数据库。

在王品消费满 15 次后，可以获得白金卡会员身份。白金卡用户到任何一个城市的王品店就餐，服务员都会根据数据库了解到用户信息，也会根据记录询问要不要多来一份他喜爱的菜品，营造一种宾至如归的感觉。

录入资料库的用户，在特殊节庆日和新品上市时，会收到王品发来的信息；到王品就餐的用户，王品会提供一些额外惊喜，比如，赠送蜡烛和蛋糕等。这项支出来自王品每家店每月 500 元的“慷慨基金”，这 500 元每个月必须花出去，即使是帮助客人购买王品本身并不提供的饮料。

开通意见专线，方便用户随时表达不满。在填写调查表时，如果客人对某项菜品和服务打出差评，店长会立刻道歉并找出原因和解决之道。

王品设置了一个 400 意见专线，如果用户直接拨打电话进行投诉，专线负责人就会将意见记录在案后，马上电话通知该店店长，同时在 30 分钟内将此意见编辑短信发送至最高负责人，让他们在第一时间了解情况。该店店长会在 3 小时内联系到用户，进行口头致歉；并在 3 天内对用户进行拜访。只要用户有抱怨，跪也要把客人跪回来，这是公司内部的一条准则。400意见专线由上海呼叫中心的3名专职人员负责。随着服务的不断改进，目前抱怨和投诉意见的电话每月不到10个。

记住，疏通主流程，才能确保大数据极速关联重要节点。

三、通过网络协同，对品牌市场实施降维打击

很多人都记得那句“人民需要什么，五菱就造什么”的广告语。可能是为了应和这句伟大的广告语，五菱牌螺蛳粉的消息登上了热搜。

2020年，五菱汽车响应广大网友的号召，贯彻“人民需要什么，五菱就造什么”的品牌理念，正式推出了五菱牌螺蛳粉。

不同于路边摊的螺蛳粉，五菱牌螺蛳粉，外包装异常精致；里面还附赠有五菱精心准备的品牌理念明信片，满满的仪式感。此外，这款螺蛳粉采用料包、粉饼、餐具等独立包装方式，配色高端、包装精致，让人一看，就能产生发朋友圈的冲动。

2020年7月12日20：00，五菱牌螺蛳粉限量开抢，在天猫搜索“五菱宝骏官方旗舰店”，打开五菱宝骏官方旗舰店首页，点击就能预约，支付1元预约试驾，就能获得1次抽奖机会，参与限量款五菱螺蛳粉抽奖。

此外，如果用户支付399元订金，在线订车，还能直接获得价值5888元的7重礼遇，以及限量款五菱牌螺蛳粉1份。

从口罩到螺蛳粉，五菱原本是做汽车的，究竟为什么要毫不搭边地跨界?

稍加留意，就会发现，五菱两次跨界都不是自己建厂，而是整合供应商资源，贴牌五菱，但即便如此，仍然给人一种很放心、很有安全感的感觉。原因何在？用一个词来概括这种行为——降维打击。

百度百科是这样定义“降维打击”的：是指把攻击目标所处的空间维度降低，最后将其毁灭。可以理解为，通过消解要件来打破竞争对手的惯性生存条件。

在很多人的认知中，能够生产出工艺复杂汽车的企业，做起口罩、螺蛳粉来，一定会轻松很多，比起三无口罩、小口罩厂，五菱的产品更值得信赖。这种基于品牌地位而产生的品牌信任转移，就是降维打击在用户心中的品牌甄选完成过程。

2020年苹果公司打造了一个由设计师、工程师、运营团队、包装团队、供应商等整套产品生产加营销的团队。工业设计团队和工程团队联合设计了两种口罩——苹果面部口罩（Apple Face Mask）和苹果透明口罩（Apple Clear Mask），苹果公司自己生产并分发给员工，有效预防新冠肺炎病毒的扩散。

苹果面部口罩有三层滤布，过滤颗粒物，可以清洗和重复使用五次，完全由苹果公司自主设计和生产，在两周内分发给苹果员工。

Apple Clear Mask是美国食品药品管理局（FDA）首次批准的透明医用口罩，能够露出全脸，即使是听障人士，也能更好地理解佩戴者在说什么。

苹果公司不仅为员工提供标准的布口罩，还为访问其零售店的顾客提供普通医用口罩。

企业真正的核心资源，只有品牌。这也就解释了为什么大品牌做一件新产品，即使看起来跨入新领域，人们也愿意为它买单，这是一种巨大的优势，显示出了品牌的力量。

基于今天的竞争局面，未来降维打击必然会出现在各行各业。缺乏对品牌的认知与重视，下一个被打击的可能就是你的企业。

以餐饮业为例，在很多人的印象中，传统餐饮老板文化水平一般都不高，但现在你会发现，越来越多的 IT 和零售精英开始涉足餐饮行业中。在北京许多获得投资、发展迅速的餐饮企业，老板不是“高知”就是“学霸”，甚至“IT 男”，如北京大学学霸张天一（霸蛮创始人）、高知 IT 赫畅（黄太吉创始人）等。

近年来，做得风风火火的餐饮人许多都来自华为、宝洁等大公司，从一开始做餐饮，他们就以大公司的管理和运营思维来操作，在认知和能力上具有先天优势，这就是真正意义上的降维打击。因此，凯文·凯利说：“不管你们是做哪个行业的，真正能够对你们构成最大威胁的对手一定不是现在行业内的对手，而是那些行业之外你看不到的竞争对手。”

纵观海底捞的成功路径，就会发现，它是一家非常擅长一招制胜的餐饮企业。

做火锅的时候，海底捞抓住了火锅社交餐饮的属性，瞄准服务，不仅能让食客吃得得体，还能让食客享受到极致的服务体验；同样，海底捞还切入快餐市场，稳、准、狠地找到了快餐刚需的属性，把性价比做到极致。

有强大的供应链做支撑，海底捞自然就能走低价策略。因为，即使是 5.99 元一碗面，都会有盈利。而对于大多数餐企来说，照搬这种模式，根本没有盈利空间。表面上看起来是一碗5.99元的面，其实背后的技术、流程和供应链才是企业制胜的原因。

记住，任何行业做降维打击，都不能将过去的成功经验照搬到其他赛道。高手，一般都善于抓住本质。如果决定去其他赛道竞争，就要明确新品类的核心点，并把核心点发挥到极致，打造强有力的消费理由。

四、全方位关联，打造全生态型价值联动机制

在数字经济时代中，数据就相当于企业的血液；没有了数据，企业就等于宣判了死亡。

放眼望去，无论是今日头条，还是滴滴叫车平台，缺少用户行为数据的规模沉淀，这些新兴公司都无法瞬间崛起。

苏宁在电商平台中，是唯一拥有多年线上线下数据沉淀的企业，加上云计算的加持，势必会为其智慧营销带来不一样的速度和质量；全通路大数据带来的技术变革，为苏宁加速实现智慧营销带来了无限可能。

依靠线上线下融合的一站式数据池，一是苏宁基于全域消费数据，深度挖掘用户需求，通过技术创新衍生出更多上下游产品形态，高效赋能平台多端联动健康持续向前发展；二是苏宁基于数据倒逼供应链优化端到端的流转通道，降低成本，提高运营效率；三是基于数据完善和优化用户体验系统，无论是线上还是线下，苏宁都能为用户提供更具有针对性的服务。苏宁完美的线上线下融合一站式数据池，为其向智慧营销提供了充足的营养。

以苏宁易购无人 Biu 店为例。无人 Biu 店是苏宁智慧门店的示范性项目，2017 年 8 月 28 日正式对外营业，备受行业内外关注。它将用户在柜

台逗留的轨迹与拿起商品的次数上传云端，然后进行数据统计分析，最终在前端绘制成热力图，帮助商家了解用户需求，从而做出科学决策。

此外，苏宁内部的“智慧营销技术星象图”，清晰地呈现了苏宁线下布局，也详尽展示了如何用技术触达用户。比如：

在距离用户不到 1 米的地方，有苏宁易购主站平台；

搭载了语音识别、交互技术和物联网技术的苏宁小 Biu 音响，作为入口，链接了用户 10 米范围的智能家居设备，形成了用户 10 米内的服务；

距离用户大概 500 米的地方，写字楼内部、酒店内部、大型 Shopping Mall 内部等，苏宁利用重力感应、人脸识别、机器人技术，布局了无人货架、智能货架、巡游机器人；

距离用户约 3 公里的地方，苏宁布局了无人 Biu 店、苏宁极物店、苏宁小店、苏宁易购精选店、苏宁易购直营店等；

距离用户 3 公里外，苏宁生活广场、苏宁云店、苏宁影城等强调场景与体验，还囊括了苏宁所有黑科技应用的业态，用户能够在苏宁 3 公里外的店内玩上一整天，体验智慧营销玩到极致。

通过距离长短来布局产品位置，用户就能时刻通过身边的苏宁来进行消费。

苏宁通过技术的创新、科学的市场规划，将智慧营销中的无感体验带给了每一个人。

第五章

系统分析与优化算法，实现规模化精准匹配

一、提高营销精准度，实现企业与用户精准匹配

“精准营销”的概念是由现代营销学之父科特勒在2005年提出的，他是这样定义的：在精准定位的基础上，依靠现代信息技术手段，建立个性化的用户沟通服务体系，实现企业可度量的低成本扩张之路。

精准营销是大数据落地应用的一个重要场景，在细分市场下，能够快速获取潜在用户，提高市场转化率，堪称“获客神器”。其本质就是，根据用户在不同阶段的身份属性，结合用户的特征和偏好，进行目的不同的针对性营销活动，具体包括挖掘潜在用户、价值用户转化、存量用户互动和流失用户挽留等。

关于大数据精准营销的应用，有一个很常见的案例——淘宝个性化推荐。

作为买家，在淘宝上浏览商品信息或下单购买时，搜索引擎都会给你打上标签，还会根据你的标签和浏览习惯给你浏览过的店铺打上标签。比如，你平时喜欢韩版风格的服装、将自己注册为“男性、双鱼座”、长期浏览与花鸟鱼虫类等有关的内容等。所有这些，就会构成一个人固定的长期标签。

如此，就能为用户的购物带来众多快捷。但对于淘宝，卖家要求比较高，最突出的一点就是，现在做标品和三年前做标品的思路完全不一样。

过去的方法单纯粗暴，只要冲销量或买位置到第一，就能赚到钱；现在，需要通过精准引流和精准转化，让淘宝知道你是什么样的产品，给你推送最匹配、最适合的流量。

当然，除了阿里巴巴以外，大数据精准营销在其他互联网企业也都被看作是长线的利润价值。对于企业来说，这种趋势不是把眼光放在短期盈利上，而是要依托大数据对用户的画像，设身处地地去跟用户接触，把握数据的长期黏性，实现长期增长。

大数据精准营销的场景异常丰富，快消行业，家居洗护、食品饮料、个人护理品等，都能使用大数据建模，来对用户的日常消费情况、性别、年龄、有没有孩子等进行有效分析……

精准营销是伴随着互联网技术，尤其是大数据发展而催生的产物。所谓大数据精准营销，就是通过对用户行为习惯的分析、归类和标签，对用户的消费属性进行细分，之后按照每个人群分类对其进行匹配。

在营销过程中，可以利用 SMART 策略法则，具体来说，就是企业在营销 STP(Segmentation，Targeting，Position) 三个环节，向更精准、可量化、高回报的方向进化，在合适的时间、合适的地点，将合适的产品以合适的方式提供给合适的人。

移动互联网迅猛发展，用户网络活动所产生的海量数据，必然会给用户和企业行为带来诸多改变。一方面，用户的个性化需求不断凸显，已成为企业商业行为的主宰者；另一方面，企业对用户的特征偏好不再陌生，会逐渐聚焦于挖掘海量数据背后的价值。企业要准确地分析用户的特征和偏好，了解用户此时此地的所需所想，努力挖掘产品的潜在高价值用户群体，帮助企业找到最精准的受众，实现市场营销的精准化和场景化。

借助大数据的赋能，营销会更加精准，完全可以通过对历史数据的分析，识别出用户的需求；然后，通过信息化渠道，把最符合用户需求的产品信息传到他们的手上。

（1）用户画像。所谓用户画像，就是根据用户社会属性、生活习惯和消费行为等信息，抽象出一个标签化的用户模型。用户画像的具体维度，如表 5–1 所示。

表5–1 用户画像的具体维度

维度	说明
固定特征	如性别、年龄、地域、教育水平、生辰、职业、星座
兴趣特征	如兴趣爱好、使用App、网站、浏览（收藏/评论）内容、品牌偏好、产品偏好
社会特征	如生活习惯、婚恋、社交/信息渠道偏好、宗教信仰
消费特征	如收入状况、购买力水平、商品种类、购买渠道喜好、购买频次
动态特征	如当下时间、需求、正在前往的地方、周边的商户、周围人群、新闻事件

（2）采集和清理数据。繁杂数据源的整理，主要包括用户数据、各式活动数据、电子邮件订阅数、线上或线下数据库及用户服务信息等。该累积数据库里最基础的就是如何收集网站、App 用户行为数据，比如，用户登录某网站后，其 Cookies 会一直驻留在浏览器中，一旦触及到某个动作，如点击位置、按钮、点赞、评论、粉丝、访问路径等，就能对他的所有浏览行为进行识别并记录，然后对浏览过的关键词和页面进行分析，得出短期需求和长期兴趣。还可以对朋友圈进行分析，了解对方的工作、爱好和教育等内容。如此，远比个人填写的表单更全面和更真实。使用已知的数据寻找线索，不断挖掘素材，不仅可以巩固老会员，还能分析出未知的用

户与需求，进一步开发市场。

（3）用户分群。对于用户，描述分析是最基本的分析统计方法。

描述统计一共分为两大部分。①数据描述。主要用来对数据进行基本情况的刻画，包括数据总数、范围、数据来源等。②指标统计。根据分布、对比、预测指标等进行建模。通过分析，数据会转换为影响指数，进而实现“一对一”的精准营销。

举个例子，某“80后”用户喜欢在生鲜网站上上午10点下单买菜，晚上6点回家做饭，周末喜欢去附近吃日本料理，经过收集与转换，就会产生一些标签，包括“80后”“生鲜”“做饭”“日本料理”等，贴在用户身上。

（4）制定策略。有了用户画像，就能清楚地了解需求，通过实际操作，更能深度经营用户关系，甚至找到扩散口碑的机会。例如，如果有生鲜打折券、日本餐馆最新推荐，营销人员就会把适合的产品信息，精准地推送到该用户的手机中；不仅会针对不同产品发送推荐信息，还会不断地通过满意度调查、跟踪码确认等方式，掌握用户的行为与偏好。

除了用户分群外，营销人员还能在不同时段对成长率和成功率进行观察，通过前后期对照，确认整体经营策略与方向是否正确；如果没有取得良好的效果，还得选取其他策略应对，反复试错并调整模型，做到循环优化。如此，才能不断地提炼价值。然后再根据用户需求，进行精准营销，最终顺利完成闭环优化。

（5）数据细分受众。如某统计调查共发送390份问卷，全部回收；问卷寄出3小时内，即回收35%的问卷；5天内，回收了86%的问卷。

它是如何做到在问卷发送后的3个小时就回收35%？因为数据做到了发送时间的“一对一定制化”，通过对数据的分析，他们发现，A先生最有可能在什么时间打开邮件，就在那个时间点发送问卷。

举个例子，上班途中，有些人会打开邮件，如果是开车族，根本就没时间填写答案；如果是搭乘公共交通工具的人，路上的这段时间就会玩手机，填写答案的概率就很高。这些都是数据细分受众的好处。

（6）大胆而有效的预测。“预测”能够让你专注于一小群用户，而这群用户完全能代表特定产品的多数潜在买家。

采集和分析用户画像，就能实现精准营销。这是最直接和最有价值的应用。广告主完全可以通过用户标签，给所要触达的用户发布广告。此外，还可以搜索广告，展示社交广告、移动广告等多种营销策略、营销分析、营销优化以及一站式营销优化，全面提高 ROI（投资回报率）。

（7）精准推荐。大数据最大的价值不是事后分析，而是预测和推荐，比如，电商，“精准推荐”已经成为大数据改变品牌营销的核心功能；又如，服装网站 Stitch Fix，在个性化推荐机制方面，多数服装订购网站采用的都是用户提交身形、“风格数据 + 编辑人工推荐”的模式，区别在于：Stitch Fix 结合了机器算法推荐，完全可以通过用户提供的身材比例、主观数据、营销记录的交叉核对，挖掘到每个人专属的服装推荐模型，实现一对一营销。

数据整合改变了企业的营销方式，如今的经验完全依赖于用户的行为数据去做推荐。未来，营销人员也不再只是营销人员，而能以专业的数据预测，搭配人性的亲切互动推荐商品，升级为顾问型营销。

二、科学分析需求，形成系统的用户营销画像

市场竞争环境不断发生变化，销售和营销的区别也越来越明显——销售是把已有的产品，推销给用户；而营销，就是找到用户的痛点、喜点和痒点，想办法满足他们的需求。典型例子就是，卖水和卖茶饮：各类水品牌需要拼命投广告、做渠道、铺终端，喜茶等网红茶饮店，正享受着新媒体传播带来的红利，享受着话题营销带来的源源流量。

以用户为中心，是真正的品牌营销之道，但并不是一味地追随用户、迎合用户和讨好用户。就像在马车时代，人们只需要更快更豪华的马车，而不是汽车。因此，如何实现“连接用户，影响用户，改变用户”等目标，自然也就成了营销升级的关键。只有以主动的姿态，精准出击，锁定用户，才能形成强大的营销气场。

连接用户的前提是，对用户进行精准画像。移动互联网时代，大数据的技术应用，机器比我们更懂自己。

如支付宝和去哪儿网：对用户群特征进行描述，不仅可以分解成年龄、性别、职业等静态特征，大数据还可以记录所有的行为数据。比如，支付分类、吃喝玩乐偏好、出行数据、酒店飞机高铁……次数、时间、金额、里程等都能成功追溯。

大数据记录得越全面，对个体客群的偏好描述也就越准确。比如，出

行偏好、住宿偏好、购物偏好、饮食偏好等。根据这些更具象的特征，用户画像就不再是凭经验印象进行描述了，而是要进行更加精准理性的分析。

有了大数据，在分类型产品的精准人群推广就会变成可能，比如“今日头条App”，用户浏览了某类新闻，后台就会将用户的偏好记录下来，是喜欢娱乐八卦，还是关注政经，或喜欢体育类……这些都会被贴上标签，用户就能收到更多类似的新闻推送。“百度”“淘宝”等搜索引擎就充分应用了大数据。比如，用户喜欢跑步，想买一双好的跑鞋，就会在“百度”搜索“跑鞋”。

互联网逐渐步入大数据时代后，给企业及用户的行为带来一系列改变与重塑，其中最大的变化就是，在企业面前用户的所有行为似乎都是“可视化”的，随着大数据技术的不断深入与应用，企业的专注点日益聚焦于怎样利用大数据来为精准营销服务，进而深入挖掘潜在的商业价值。由此，“用户画像”的概念应运而生。

用户画像，即用户信息标签化，就是企业通过收集与分析用户的社会属性、生活习惯、消费行为等主要信息数据，完美地抽象出用户的商业全貌，这是企业应用大数据技术的基本方式。用户画像，不仅能为企业提供足够的信息基础，还能帮助企业快速找到精准用户群体和用户需求等更广泛的反馈信息。

用户画像能让产品的目标对象显得更加聚焦和专注。事实证明，成功的产品都有明确的目标用户群体，给特定目标群体提供专注的服务，远比给全部的人群提供低标准的服务更容易成功。正确使用用户画像，找准立足点和发力的重要方向，从用户角度出发，就能对用户的核心诉求进行解析。借助用户画像，所有参与产品和运营的成员就能在一致的用户基础上进行讨论和决策，保持前进方向的统一，提高决策效率。

“用户主权”，是互联网大数据下新零售的典型特征。用户行为在供应链上的每个环节都具有逆向传导作用，因此必须对用户进行研究，特别是零售行业，更需要“转向”、构建“反向认知”。

研究用户行为有很多方法，比如，用户调研、问卷访谈、数据分析、市场调研等。但是，在5G时代，依托大数据处理方法，构建出一整套完善的用户画像，才能借助其标签化、信息化和可视化的属性，赋能产品营销，推动企业实现个性化推荐、精准营销、精准用户增长，从而提高消费体验。

用户画像从流程上可以分为三大步骤（见图5-1）。

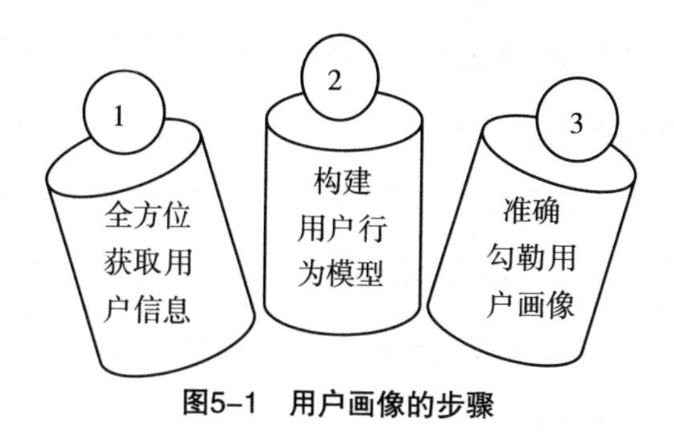

图5-1　用户画像的步骤

1. 全方位获取用户信息

5G时代是“用户的偏好决定营销供应”的模式，在营销决策过程中，企业必须关注两个问题：“如何提供用户更喜欢的产品”和“如何把产品卖给对的人”。要想解决这两个问题，就要认真洞察用户需求。这时候，就需要考虑到以下两类人。

（1）现有用户。比如，我现存的用户是谁，为什么买我的产品，他们有什么偏好，哪些用户价值最高？

（2）潜在用户。比如，我的潜在用户在哪儿，他们喜欢什么，哪些渠道能找到他们，获客成本是多少？

为了回答这些问题，企业必须通过各种方式不断地收集用户信息，维度主要包括人口属性、消费特征、信用状况、兴趣爱好、社交属性等。

2. 构建用户行为模型

基于原始数据进行统计分析，得到事实标签后；还需要通过建模分析，得到模型标签；再通过模型预测，得到预测标签。

用户行为建模主要是对数据进行分类和标签化，依据业务需求，对信息进行加工整理，需要对定量的信息进行定性，方便信息的分类和筛选。

获取用户信息后，建立数据挖掘模型分析用户行为、价值、心理等属性信息，将用户以不同的属性标签划分类别，建立用户标签管理体系；同时还要在应用中不断地进行效果评估，持续优化用户管理体系。

获取用户信息的重点内容范围包括用户的基本信息、用户的信用卡获取、用户的消费内容、用户的登录浏览、用户的信用卡申请等。数据挖掘模型要从多维度、多角度深入发掘，包括用户消费行为模型、用户价值模型、用户生命周期模型、用户生活方式模型、用户支付行为模型等。给用户标注的标签类型需要全面、准确，主要涵盖用户消费属性标签、用户价值属性标签、用户产品关键属性、用户生命周期标签、用户统计学标签等。

3. 准确勾勒用户画像

基于用户的自然属性、消费行为以及上网行为与兴趣偏好数据的统计，可以将标签池划分为用户、产品、时间、渠道、位置与终端六个维度，形成完整的用户画像。

用户身份标识主要利用用户的基本信息；产品使用偏好主要结合用户

价值属性；营销时机偏好要结合行为属性，看用户喜欢在什么时间收到营销推送；推广渠道偏好主要看用户对于传统营销渠道、线上互联网营销渠道的偏好程度；用户位置归属主要看用户的行为属性中常见的位置所在地，比如家中、办公室、商业场所等；终端属性信息主要结合用户的终端使用频率和特征来区分，比如是PC、手机、PAD、智能穿戴设备等维度。

三、不断优化AI算法，让规模化精准成为现实

百度营销提出了以数据、内容、科技、创新等四大能力为核心的“成长力引擎”，为企业品牌营销提供了更多可能性。其中，百度 AI 科技起到了关键推动作用。

百度营销作为 AI 营销的领先者，通过创新案例颠覆营销领域新玩法，为企业突破自身边界提供了更多的可能。

精准用户画像。百度营销运用百度观星盘 AI 营销平台，不仅深挖用户特征和兴趣关注点，还结合用户搜索、到访、浏览及关注行为等进行人群定向，精准覆盖外贸需求人群。基于海量商品数据，建立起 AI 预测模型、预估未来价格、销量走势，为用户选品决策提供了有力的数据支撑，引导用户前往 PayPal 官网商户服务专属页面。百度营销打造的“导流、互动转化、再营销”的链路闭环为 Paypal 带来了 2300 多万次的曝光率，吸引 2 万多人次参与了营销互动，PayPal 品牌词回搜率提高了 125%。

精准漏斗模型。基于百度 AI 模型和云计算的全新百度车效通，很好地解决了“精准获客”这一大诉求。首先，百度车效通——汽车获客新引擎基于百度“‘搜 + 推’双引擎 + 百青藤优质流量”，通过百度 AI 模型，帮助奇瑞发现了高质量的意向用户。其次，基于百度生态建立的“SEM/

原生信息流 +OCPC+ 基木鱼”智能转化模型，从关键词、信息流触达用户到 API 对接品牌 CRM，通过转化漏斗精准过滤，极大地提高了线索转化效率，帮助奇瑞的获客成本降低了 40%，同时还显著优于行业内同级别品牌表现。

家庭场景营销。太太乐是调料市场的知名品牌，可是在调味品牌词类别认知中，太太乐鸡味调料占比最高，酱油仅占 10%，原味鲜酱油的产品知名度鲜为人知。如何结合太太乐产品，特别是太太乐原味鲜酱油产品，从不同用户使用场景切入，提高用户尤其是女性及有孩子的家庭用户对品牌的认知度，是太太乐营销的首要任务。百度营销打出了一套多场景组合营销拳，比如，围绕特定节日输出内容，如“立冬吃饺子”串联“太太乐原味鲜酱油可调制饺子蘸汁”，将场景与品牌内容强力联系在一起。此外，还在做菜、娱乐、音乐、知识等多个生活场景中，成功植入品牌内容，最终带来了 1.8 亿多次的曝光率，KPI 完成率高达 180%，语音问答互动率为 14.60%。

亲子场景营销。美素佳儿联合百度营销，推出了“宝宝不哭”智能小程序，融技术与创意于一体，是场景中的一次绝佳产品营销案例。美素佳儿进行了大量实验，发现其产品能有效地让宝宝每日少哭闹 20 分钟，百度营销便以“不哭闹”为切入点，量身定制了智能小程序“宝宝不哭”，运用百度 AI 技术，对宝宝哭声背后的原因进行了认真分析，针对不同场景，创造出了不同类型的宝宝安抚曲，安抚宝宝哭闹；此外，还通过数据分析精准目标用户，线上线下实行全场景覆盖营销，在产品教育市场过程中，将品牌与用户更好地连接在一起，一周内曝光 3000 万 + 次，小程序互动 76 万 + 次。

生态资源闭环。在沈阳中海地产的营销案例中，百度营销实行了“百度大数据＋代理商策划＋百度产品资源”三大联动，创造性地使用人群数据反推，对营销策略进行修正；然后，对不同目标人群，进行分层次驱动，开展了差异化玩法。在项目实施过程中，其巧妙借用“安家”等实时热点，根据目标人群的调性品位和购买心理需求，差异化地策划了“宅人日记”“舒适请就位”等不同主题内容，并借助自身好看的视频和企业百家号的内容平台，成功落地多场深度直播，帮助项目引入新流量。最终，不仅带来了千万级的阶段性曝光，还为品牌长效传播打下了基础。

“内容＋技术闭环”。在君乐宝纯享的营销案例中，百度营销对纯享主要用户“18~30 岁人群”行为特征进行分析，不仅提炼出五大营销启示，还根据产品特性创造了四种虚拟游戏场景，设计了四款许愿天使纯享 AR 瓶。通过趣味游戏和明星互动，将品牌影响力延伸到极致。最终，该活动获得了 3.5 亿次曝光，售出纯享 AR 瓶过千万，快速占领了 Z 世代心智，沉淀了品牌目标人群。

百度 AI 营销重构了用户连接尺度，以 AI 技术突围新场景，通过全域能力，打通了企业和用户之间的屏障，在数字生活空间中沉淀出品牌数字资产，将短期转化与长效品宣更好地合并在一起。

5G 营销时代，单纯的“认知塑造”和“流量为王”模式已经过时，这里主要有两股力量发挥作用：一股是互联网时代中用户意识的觉醒，人们完成了从物理空间到数字空间的“生活迁移”，认知方式和行为逻辑也发生了巨大变化；另一股是 AI 技术快速发展，生态平台迅速崛起，通过新的反应，二者完成了融合与升级，这是科技对营销艺术的深度赋能。

智能营销时代，AI 技术必将成为品牌精准营销的核心抓手，建立更广更深的纽带，从人到场景，从场景到品牌数据资产，以环环相扣的服务闭环，为企业品牌打造足以打破增长边界的“成长力引擎”。

未来，智能经济必将成为中国经济发展的新标签。AI 赋能会在以下几个领域提高营销效果，如表 5-2 所示。

表5-2　AI赋能的领域

领域	说明
情景感知营销	对于任何营销活动，场景都是重要组成部分。试想：你正在专心致志地读一篇文章，正在网上分析最不适合夏天穿的裙子，突然跳出一则香水广告，并停留在页面上……显然，这些广告公司本来只是想见缝插针地帮助广告主投放广告，没想到，自己将广告投放到了不适宜的场景，不仅不会带来帮助，反而可能会损害品牌形象。因此，提前了解广告的投放位置异常重要，而解决方法之一就是将机器视觉和自然语言处理充分利用起来。通过这些技术，公司就能确保自己的广告信息与网站内容的上下兼容，保护品牌形象，提高营销效率
个性化营销	目前，很多用户都已经意识到，在他们浏览网页的同时，数据也在不断地被收集着。随着这种意识的萌芽，他们都萌生了一种期望：公司会通过这些数据，为用户提供更好的个性化体验。因此，企业一般都会在广告定位和用户细分方面投入大量精力，甚至不断改进人工智能技术。具体来说，AI可以根据用户的浏览行为、已完成的购买、过去的喜好和评论，进行分群分层，使公司识别具有相似兴趣的人群，并根据特定人群精准投放广告
社交媒体情绪分析	通过情绪分析，可以确定文本中表达的态度和情绪。通常，文本数据都是从博客、社交网络和论坛等地方收集而来，经检验之后，提供实时洞察，员工就能及时地响应用户投诉，更好地了解他们对公司的看法。如果你发布了新产品的图片，想知道社群是否喜欢它，就可以使用AI来访问和洞察相关信息，查看整体反馈，不用在评论区一条一条地滚动寻找相关评论
做好预测分析	AI可以根据位置数据、历史数据和行为数据，来确定哪些内容最适合不同的用户。提供定制化内容的最好例子，是Netflix的电影和电视剧推荐。“98%匹配”这个统计数据背后是一个强大的AI算法，它分析了您最喜欢的电影类型和原因。无论是什么业务类型，定制化内容都容易给用户留下印象。也就是说，公司可以完美地找到并满足用户需求，从而吸引他们进行购买
改善用户体验	5G时代，内容依然占据着全球营销人员心中的王者地位，个性化内容可以极大地提高转化率，并为潜在用户提供愉快的用户体验。用户正在查看的内容越量身定制、越密切相关，转化的可能性就越大

个性化定制不仅可以帮助公司建立起真正有意义的用户关系，还可以让用户感受到自己被理解并真心地进行购买。当真正有效地使用AI技术时，便能改善用户体验、预测用户行为、进行社交媒体情绪分析，确保营销工作的情境感知力。更重要的是，离开了这些高质量的数据，上述的各种价值就无法有效实现，因此公司一定要通过有效的数据收集来最大化数据潜力。

四、用数字人类学视角，推进人本品牌营销

“人本营销”理念的核心成功要素是，在完整的营销体系中始终贯彻“情感对称”，在利益链条上实现协同共赢。例如，供应商、生产商、分销商、终端商等都能在和谐的生态圈中获取到合理的利益端口，围绕着用户衍生出丰富的价值空间，各取所需、各得其所。

“人本营销”的最终目的是，打造一个生态系统，作为生态链中的一环，彼此相依，生生不息。所以，沃尔沃的营销新战略透露出三个关键词，即“和谐厂商关系”“加强信息对称”“重视情感体验”。

2014 年 12 月，沃尔沃推出了营销新战略，充分考虑了经销商的敏感源。沃尔沃不仅对厂商关系有了重新考虑，还在慢慢发展中心城市的展销合作伙伴。只要是商品，就离不开媒介，互联网模式的“去中介化”是相对的，当所有品牌都实现厂商同盟后，竞争状况依然是市场化的，遥控器依然掌握在用户手中。

沃尔沃在营销新战略中提出，要减少参展频次、谨慎地选择媒体渠道、清晰定位赛事。如此，就突出了一个词——“聚焦”。聚焦声音和动作的品牌不一定就是小众品牌，同样蕴含着强大的力量。之所以要聚焦，是因为企业更懂用户，知道如何去真正爱用户。如此，也就实现了“人本

营销”的一个前提，即彼此感知对方所需。“人本营销”强调与用户建立全面的接触及长久的关系，但要想建立这种关系，不仅需要耐力，更需要理解力。

产品的背后是品系的张力，产品的前面是服务的黏性和口碑的传承，这些都是采用目前的体验方式无法体验到的，很容易造成情感黑洞。所有强行加入的情感都会因为这个黑洞的存在而快速消失，带来更多的过度营销投入。为了减少一些问题的出现，沃尔沃积极进行体验升级，售前通过“硬件改造＋氛围营造”，售后通过“私人专属服务”，提高了体验的保鲜度。如此，营销不再是简单地把一台设备、一次访问、一位访客看作一位真实用户，而是通过数据把用户使用的每一台设备打通，然后向这位受众展开跨屏的、连续的营销。

2014年，Facebook推出了Custom Audiences产品，第一次提出了“人本营销”的概念；之后，推特（Twitter）与谷歌也推出了类似的产品。这些产品完全利用广告主提供的用户手机号或E-mail账号等，跟媒体用户进行匹配，了解这些账号背后的用户，并进行精准投放。实际上就是将广告主的第一方数据与媒体第二方数据进行对接，对目标消费群的有效认知与针对性进行全面覆盖。

最初，之所以要推出类似产品，目的是解决跨屏识别的问题。可是，Cookies无法在移动设备上大展拳脚，各企业只能寻找替代方案，如此登录账号也就成了可操作性较强的用户识别代号，尤其是Facebook、谷歌等群众基础强大、生态体系比较完善的媒体，其登录账号更能覆盖用户的大量在线行为，突破设备限制，识别和理解用户。

之后，移动端越来越多地介入消费行为，产生了丰富的数据，广告主端第一方数据应用工具蓬勃发展，大数据从概念走向应用，“人本营销”的应用范畴进一步拓展。

从一定意义上来说，所谓的营销，其实都是在处理人和数据的关系。数字化互联网时代，数据的获取和处理变得更加便捷和准确。这时的营销依然需要“以人为本”，需要比以往更加了解数字技术，从数字人类学的视角来理解用户。

“人本营销”的方式，可以带来以下多方面的改变（见图 5-2）。

完善定向投放和定向营销机制	根据广告主提供的用户名单与投放规则，媒体可以面向特定用户展示特定的广告素材。比如，针对近一周内购买商品的用户，投放满意度调查问卷；针对常客，提供专享促销方案等
提高营销内容与用户的相关性	“人本营销”打通了用户在各媒体和设备上的表现，得到洞察更全面，其深入消费路径各环节，帮助广告主在适当的场景中展示适当的广告信息
让频次控制更有效	过去的频次控制一般针对的都是设备和cookies，而非用户本人。“人本营销”将频次控制的目标设定为独立的用户，减少了展示成本的浪费
塑造连贯的营销体验	“人本营销”将消费流程还原成一个连续过程，为营销内容接续更迭的实现提供了可能，比如，断点续播版，为用户提供连续、连贯的体验

图5-2 营销方式转变带来的变化

数字人类学是随着网络社会的逐步兴起而出现的，最初是用人类学的方法来考察人们如何使用新的科技产品，类似于科技人类学对古代工具的探寻，通过解释人们使用工具的意义来理解社会文化。随着数字产品的普及，社会形态也发生了巨大变化，数字人类学者不仅要解决人们如何使用数字产品的问题，更要洞悉手机、计算机和互联网等数字工具是如何“使用”，使用者进而在整个社会层面产生质的变化的。

“以人为本”的营销，首先就要将企业打造成一个具有人性化特点的品牌，跟用户建立良好的关系。概括起来，人本品牌主要具备如下六个属性。

（1）社交能力。拥有良好社交能力的人，与人交往时一般都充满自信，言行举止间都能展现出优秀的交流技巧。同样，社会性强的品牌通常都敢和用户展开对话，它们会主动听取用户的意见，了解用户间的对话；它们还能主动承担责任、回答问询，并处理意见。这些品牌会通过多种媒体渠道，定期与用户沟通，将内容推送到社交媒体上，吸引用户关注。比如，Zappos 就是一个社交化的品牌，借助它，用户就能连续给客服热线打几个小时的电话，讨论鞋子和其他事情，最长的客服电话纪录为 10 小时 43 分钟。

（2）道德。道德良好是指品格高尚，讲究诚信。品格良好的人一般都明辨是非，敢于去做正确的事。同样，品格优良的品牌是由价值驱动的，在商业决策的每个环节中，都考虑了道德准则。现实中，有些品牌将有道德的经商之道当作核心竞争力，即使用户行为不当，这些品牌也会坚守承诺。比如，联合利华。为了实现业务的增长，减少对环境的影响，改善人们的生活质量，提高人们的幸福指数，早在 2010 年启动了“联合利华可持续行动计划”。

（3）个性。个性鲜明的人一般都有着自我认知，清楚自己擅长什么，也承认自己仍然需要学习。同样，有着强烈个性的品牌也清楚地明白自己的立身之本，但它们也不害怕展露缺点，还能为自己的行为主动承担全部责任。比如，美国户外品牌巴塔哥尼亚（Patagonia）拥有象征社会和环境适应的品牌精神，借助它的“足迹记事”，用户完全可以对产品原产地进行追溯，见证产品的社会和环境足迹。

（4）热情。如果某个品牌能够唤起共鸣，就能获得用户的青睐，甚至还能将振奋人心的消息推送给用户，实现情感联系；或者，用诙谐的一面将用户吸引过来。比如，多芬就是一个情感充沛的品牌。作为一个人性化品牌，多芬不仅鼓励女性热爱自己、赏识自己真实的美丽，还回答了关于自信心的社会问题。多芬通过十年的努力，成功地与世界女性达成了情感共鸣。

（5）活力。品牌活力主要来自有设计感的商标、吸引人的口号、优秀的产品设计及良好的用户体验等。以苹果公司为例，苹果公司不仅在产品设计方面领先他人，在用户界面的设计上也首屈一指。用户界面设计简洁，即使不是资深网民，也不会被难倒；其商店设计同样也是营销行业的榜样。

（6）智力。智力是人类获得知识、思考、产生想法的能力，要想打造“高智力”的品牌，不仅要提高创新性，还要发掘出不同于商家和用户所见的服务和产品，然后将他解决用户问题的能力直接展示出来。比如，优步就是这样的新兴企业，主要提供连接用户和供应商的服务，展现了其优秀的智力性。

综上所述，要想做好“以人为本”的营销，就要通过社群聆听、网络日志、重点调查等，努力发掘用户内心最深处的需求和渴望，强化物质的吸引力、智力性、社交性、情感吸引力、个性和高尚的道德，积极打造人性化的一面。

第六章

基于智能化创新，突破传统营销模式

一、采取在线化、自动化模式，推进企业营销智能化

随着信息传播的日趋碎片化，越来越多的企业需要主动、高效地获取信息并发现问题。

随着用户话语权的逐渐提高、消费思考的崛起，非结构化数据一般都无法匹配精细化运营需求，邮件、客服和论坛等传统沟通方式已经无法满足用户的高需求，只有努力加速企业营销服务、技术产品化进程，提高用户效率，才能实现智能化企业营销。

随着数据维度的不断丰富，应用场景的不断增多，尤其是移动化所带来的位置数据、物联网数据的日趋丰富，数据营销也快速演进，智能营销时代已经慢慢向我们靠近。

那么，究竟什么是智能营销？所谓智能营销，就是通过人的创造性、创新力以及创意智慧，将先进的计算机、网络、移动互联网和物联网等科学技术应用于品牌营销领域。这是一种新思维、新理念、新方法和新工具的创新营销新概念，侧重于技术，而非传播途径。

为了解决当前营销人员面临的痛点问题，腾讯云推出了“智能＋营销”模式，将人工智能、大数据等技术手段运用到营销领域，为企业构建了一站式全链路的智能化营销平台，让企业获得了更便捷、更高效的新营

销能力。

海量数据深入分析，挖掘更大的营销价值。5G时代，要想让用户买单，就要充分了解用户，因此，海量用户数据就显得尤为珍贵。腾讯是国内用户量最多的微信和QQ的拥有者，拥有详尽的用户数据，整个生态体系内的数据还包括出行、网购、游戏、娱乐、支付、金融等用户消费数据。对这些大数据进行深入分析，腾讯营销云就能帮助企业精准触达用户，实现精准营销，缩短营销周期，降低经营成本；同时，DMP广告体系还能提供精细人群标签，优化投放，提高营销效果，建立私有的用户库，帮助企业进行二次营销，提高转化率。

跨媒体多路径触达用户，智能提高营销效果。选择合适的媒体渠道，做起事情来，才能事半功倍，实现“花小钱办大事”的效果；反之，不仅会造成金钱的浪费，还会失去市场竞争中的宝贵机遇。腾讯“云智能＋营销”用人工智能破解了选择的难题，为企业构建了一座智能营销平台，能够从多通路精准触达用户，将营销线索、消费数据全部沉淀在专门为企业定制的私有用户库中，再通过智能化的数据分析为企业提供营销策略，便于企业更加精准地把握消费末端的需求变化，改进产品体系，提高收益。

服务能力走向全球，营销紧跟用户脚步。企业不仅要通过传统的大数据分析技术，向用户推送个性化信息，还要使用移动应用，精确地跟踪用户足迹、分析用户属性，并对用户进行个性化分析。目前，腾讯云已经开放的全球服务节点多达29个，提供了精确的全球用户服务能力，凭借自己在服务响应速度、节点布局、安全实力、跨域网络和解决方案等方面的优势，为更多的企业提供服务，为用户提供了强大的助力。

去中心化的平台，腾讯云开创了营销新生态。云服务的飞速发展，进一步打破了互联网企业各据一方的局面，为企业间的开放合作创造了从未有过的机遇。腾讯云以去中心化的方式，结合腾讯庞大的产品矩阵和全方位的平台能力，为广大品牌提供了一个包容、创新和具有可持续性的“智能＋营销”新生态，与广大合作伙伴实现了双赢。

科技的进步带来了智能化营销时代，腾讯云“智能＋营销”解决方案，通过人工智能、大数据等技术手段，以科技驱动企业全面升级，让企业拥有了面向“智能＋”时代的数字化竞争力，对数字营销生态进行了重新塑造，让营销变得容易很多。

数字经济时代，企业营销环境已经发生了变化：一方面，科技发展创造的媒介形式和传播手段日益增多，营销手段也越来越丰富；另一方面，传播过度，用户的防御心理越来越强，要想实现理想的营销效果，越来越难。

众所周知，营销一直都是处于不断演变中的。

营销1.0时代，以产品为中心，主打价格战和广告战，主要任务是完成传播，虽然可以在有限的资源里获取信息，但数量非常有限。

营销2.0时代，从“以产品为中心”转向了“以用户为中心”，企业要想办法跟用户建立联系，把自己的产品推销出去。这个阶段企业开始思考目标市场，主要基于人们的互动、口碑还有社群做营销。

营销3.0时代，进入情感营销的时代。借助媒体的创新、内容的创新和传播沟通方式，企业为受众提供服务，出现了精准营销和口碑营销，主要以互联网技术做数字化传播。

可是，随着人们需求向个性化和碎片化的转变，营销也发生了重大变化，要想将用户纳入生产营销环节，就要紧跟甚至对用户的下一步需求进行预测，在移动互联网、大数据和云计算等基础上，建立全新的营销模式，即智能营销。

人工智能的运用，使营销超越了传统媒体广告的投放特性，实现了整个运营流程的自动化。此外，借助人工智能，还实现了营销受众的精准发现和即时定位，提高了从营销到消费的转化率，实现了广告投放的价值最大化。

要想做好智能化营销，可以从以下几个方面做起。

（1）吸引用户。很多时候，吸引力都来自具体的行动。在具体的营销过程中，只要将开场白做好了，营销也就成功了一半。好的开场白都能引起用户的注意，吸引用户继续跟你聊天、了解你的企业和产品，线上合作同样如此。用户不喜欢你的开场白，比如，直接把商品链接发给用户，不仅会产生反感心理，甚至根本就不会点进去。那么，进行线上营销时，如何开场才不会引起用户的反感，且还能引发用户端的兴趣呢？答案就是名片。因为在微信环境中，用户是不会点进你所发的链接的；但在一般情况下，用户会点开你的名片。但传统名片并不支持线上转发，目前火爆的智能名片自然就能派上用场。

（2）给用户足够的安全感。趋利避害是人的本性之一，内心的安全感是最基本的心理需求，用安全感来说服用户是最常用的营销话术。比如，爱能得智能名片，不需要加微信、不需要添加任何好友、不需要任何号码，就能直接跟用户发起对话；而且，用户通过好友转发爱能得智能名片，本身也会产生一种信任感。此外，在爱能得的用户功能里，还有一个自主编辑的话术库，方便营销人员学习和使用，提高营销人员与用户的沟通效率。

（3）抓住用户的需求不放。用户决定着营销业绩，而要想将品牌营销出去，首先就要了解用户，抓住用户的需求。要主动发现、追踪、调查，直到搞清楚用户的一切，使他们成为企业的好朋友。

二、基于5G的极速发展，持续打造新的产物和玩法

说到营销创新的经典案例，很多人都会想到一个本土食品品牌，它就是依靠爆品辣条产品收入50亿元的卫龙。

卫龙，过去只是一个安分守己的传统食品企业，在最近几年却以出其不意的营销打法，成为一个知名的品牌，甚至火遍全国。认真梳理卫龙的发展脉络，不难发现，卫龙在营销创新上的亮点比比皆是，从发布“苹果风”辣条产品到“卫龙辣条实验室”，以及一系列营销事件，都为卫龙带来了流量。

相信很多用户乃至网友都听说过这样的广告语：“好玩有趣”“想分享给朋友”“卫龙又搞事情了”……这些广告语都是卫龙给大家带来的最直观感受。从某种程度上来说，正是这些营销打法，让这个传统辣条品牌得以网红年轻化，受到年轻用户的青睐。

2018年卫龙突发奇想，在杭州龙湖滨江天街开了一家快闪店——卫龙辣条实验室。该营销项目的灵感源自卫龙辣条的一个槽点——做了多年的甜辣味辣条，做成其他口味，会怎么样？结果，就是这样一个看似反叛道义的灵感，却让卫龙人发现了商机。

在营销的过程中，卫龙营销团队对于创意和点子，筛选标准只有一

个——有趣，只要有人觉得哪个细节不够有趣，就会放弃它。与此同时，卫龙还懂得跟话题热点借势，通过最精准的把握，提高了品牌势能。

无独有偶。

2019年5月26日，贵阳召开了“第五届中国国际大数据产业博览会”，顺丰旗下的顺丰科技也参展了此次数博会，其以大数据应用成果为核心，展现了顺丰在产业科技市场化的成果。

顺丰科技在技术底层、产品应用、解决方案等三个层面都取得了显著的成绩，目前已经在快递运营、仓储、冷运、医药、金融、快消等多个物流供应链细分领域，进行了全场景的广泛应用。

（1）企业大数据解决方案。顺丰科技制定了基于主流的开源框架，自主研发，深度定制，为企业提供数据采集、治理、存储、计算、分析挖掘、可视化自助分析等“一站式”大数据解决方案，帮助企业打通了业务底层数据，消除了数据孤岛问题，增强了企业数据管理能力，为企业数字化转型提供了助力。采用物流专业领域的解决方案，实现了生产和流通环节的无缝升级，顺丰科技提供的一站式大数据解决方案，面向的不再是简单的快递发包市场，而是中国十万亿级的物流大市场。

（2）数据灯塔。顺丰数据灯塔融合了顺丰内部自有的海量大数据和外部公开平台数据，借助大数据，进行了多维度、深层次、高精度的专业分析，为商户提供了一站式咨询、分析、营销和运营等的专业解决方案，目前已经覆盖生鲜、食品、3C、服装等多个行业。

顺丰之所以能推出“数据灯塔”服务，原因有二：一是依靠顺丰多年的物流服务，顺丰科技积攒了海量的物流数据信息；二是顺丰在很早之前就成立了顺丰科技，对企业运营中的海量数据信息进行整理分析。最重要的是，顺丰科技还拥有一支能力卓越的研发团队。

大数据领域实力的比拼，比的不是数据量，而是能否将复杂的数据信息进行精细化分析，并进行运用的能力。顺丰科技的团队掌握了一流的算法，在自然语言处理、物流路径规划、智能推荐引擎等领域有着核心算法技术优势；同时，团队还充分了解各品类电商行业，能够完整地为各行业提供真正有效的解决方案。

（3）顺丰地图。顺丰地图以空间信息技术为基础，融合了大数据和人工智能技术，为物流各环节提供了智能空间位置决策服务，有效提高了物流的效率和精准性，打造了降本提效新亮点。

顺丰地图的诞生主要是为了给物流企业提供服务，与消费端地图截然不同。顺丰对地图的空间精度要求更高，点与点之间的关联更细致，对于“如何高效利用最后一公里的空间信息”，顺丰有着天然的需求。借助顺丰地图的信息，生鲜零售企业更能减少库存积压损失，配送路径也能进行更高效的规划。

通过多年的经营积累，顺丰积攒了海量的高精地址数据，综合应用于特定场景，提高了泛物流、零售快消、公安、金融保险等行业用户的空间位置服务能力。

纵观2020年的营销成功之道，各品牌营销主要聚焦于品牌故事、爆款产品、圈粉经济等三个方面。

1. 品牌的硬核故事

品牌，一般都喜欢讲故事，营销界从来都不缺少有价值的内容，只缺少有创意的表达。

2020年大卖的品牌，已经将讲故事的方式进行了升级。故事不再局限于讲给用户听、写给用户看，更能触达用户内心的痛点和痒点，让用户更加相信。

借助场景化、内容化和创意化的多种打法，实现了内容与用户的真实交互。从“品牌讲述的故事”到“用户想听的故事”，再到“用户相信的故事”，不仅实现了升级迭代，还凸显了硬核内容。

传统的品牌故事只是一段文字，而硬核故事则包含着品牌的多重内涵，表达用词、文字内涵、品牌设计、格局境界等都是故事中的重要要素。

2012年徐晓波在香港为儿子代购奶粉，结果当时香港发布了限购令，奶粉被香港海关扣押了4个多小时。这段经历，让徐晓波不得不进行反思：内地难道就没有好牛奶吗？后来，他进行了众多调查，发现其他用户也遇到过同样的问题。

为了解决这个用户的痛点，2019年1月徐晓波投资4.6亿元，从澳大利亚引进了6000头纯种荷斯坦奶牛，在河北建立了“认养一头牛”现代化牧场。他从瑞典进口了拉伐转盘挤奶设备，从加拿大和澳大利亚进口苜蓿草和燕麦给奶牛当饲料，用高于欧盟的标准生产优质牛奶，每头牛的饲料费用每天高达80元。

高品质的过程换来了高品质的产出，“认养一头牛”的模式成功地将奶牛与用户捆绑在了一起，有效地建立了“用户对品牌的信任”，满足了用户对高品质的需求，解决了由来已久的痛点。

“认养一头牛”把故事植入用户内心，迎合了用户的痛点，自然就能解决用户的困扰、满足用户的潜在需求。

2. 品牌的硬核产品

（1）“高爆款”产品。动人的故事可以吊足用户的胃口，提高用户的期望，因此，为了满足用户的心理预期，就要积极打造爆款产品。个性化时代，需求总是处于不断的变化中，产品不断地升级迭代，“阶段性爆款”也就成了打造硬核产品的主要途径。阶段性打造超级爆款，就能形成有力的证据，帮助用户迅速聚焦产品，缩短选品决策的时间，促进营销转化。

（2）“高颜值”包装。高颜值的产品包装是2020年品牌大卖的推动因素之一。高颜值、有格调的产品外观，是吸睛引流的首要因素。“高颜值”可以给品牌带来更大的增长空间，助力品牌分享“颜值经济”红利。

2020年，产品的高颜值主要体现在三个方面：图片化、超规格、复用性等，如表6–1所示。

表6–1 产品高颜值的具体体现

体现	说明
图片化	主要表现为用户的拍照意愿和分享意愿。产品的图片化率越高，用户拍照、合影的意愿越强烈，分享欲望就会越强，图片被转发、分享的概率就越高，品牌的传播力度也会随之提高。此外，高颜值的图片化效果也是“种草经济”的关键因素。将产品“种草”到用户内心，用户逐渐养成了一定的分享习惯，大大提高了产品的出图率；而包装的多样化、精品化和内容化，又会满足用户分享的成就感，帮助品牌迅速“圈粉”
超规格	针对用户体验场景、个性化承载量，进行包装设计。随着消费场景碎片化程度的不断加深，用户对产品使用呈现出“少量多次”的趋势。比如，等地铁的空隙想要喝一杯咖啡或可乐，如果几分钟内能喝完，就不必带着随时会洒出来的担心挤地铁了。因此，“小包装”也就成了快消类品牌的获客手段。小包装产品增加了人们的使用频次，减少了单次消费量、缩短了使用时间，适合碎片化时代下的消费群体，这也是品牌营销的新的增长点
复用性	通过产品包装的多元性功能，促使消费后的再使用，延长品牌在用户生活中的曝光周期，强化用户感知，完成品牌的存在感。产品的复用性，一般都通过实际使用价值来提高用户好感度，增加品牌的忠诚度和黏性。这种方法可以间接提高产品的图片化概率，增加产品渠道和社交平台曝光的机会

（3）“高价值”成分。数字化营销趋势催生了另一新兴群体——专业用户。他们具备产品的专业知识，异常关注产品的构成、配方和成分。随着专业用户的占比逐渐走高，产品成分的价值成为用户的高关注点。“高价值”成分强调，在产品推广的过程中，不断科普、强化产品的核心成分，从侧面佐证产品的专业性、科学性与有效性，满足“科学控、成分控”用户的需求。通过公众号、小红书、视频平台等多元化推广，用户不仅能获取信息，还会主动分享专业知识，支持消费决策。

3. 品牌的硬核营销

2020 年品牌营销策略最大的看点是，通过营销平台和渠道将品牌或产品的“内核价值”放大给用户，外化给用户，建立用户对品牌的认知。

内容、节点、形式和渠道是品牌营销的四项核心内容，突出了独特性对圈粉的意义，可以用个性化满足用户需求。其中，盲盒营销、高效圈粉、跨界营销等成为 2020 年最为火爆的玩法。

“盲盒营销”是提高用户购买意愿的最佳动能。神秘性、稀缺性和成就感是盲盒驱动消费增长的关键因素，而群体归属感的快乐、社交的需求也让越来越多的用户投身其中，成为粉丝。经过多年的努力，盲盒营销所带来的增长动力已经获得业界和品牌的多方认可。

多样化的营销玩法最终目的只有一个——快速圈粉。圈粉营销是快速抓取流量、快速转化流量的主要方式，可以带来快速变现，促进品牌成长。通过明星代言、IP 定制、主题快闪店、直播带货、人设绑定营销等方式，让品牌快速完成圈粉。

三、科学管控，推进对新型营销模式的系统布局

互联网持续迭代，传统媒体逐步褪去老旧外衣革新蜕变；移动互联不断深入，对营销行为造成影响，互联网业内营销从业者也在积极更新运用。

“大数据”作为时下最时髦的词语，已经开始向各行业渗透辐射，颠覆了很多特别是传统行业的管理和运营思维。在这一大背景下，大数据在各行业释放出的巨大价值，自然会引发诸多行业人士的兴趣和关注。

比如，大数据触动了汽车行业管理者的神经，搅动了汽车行业管理者的思维，促使汽车企业从现在开始就要打破原有思维，重新审视和定义自身与用户的关系，建立起新市场形势下的汽车行业营销模式。认真分析大数据行为，帮汽车广告主锁定目标用户，细分用户行为，实现精准投放，就能为用户的消费决策提供价值参考。

作为一家以技术和应用为驱动力的企业，北京集奥聚合有限公司主动聚焦大数据领域，定位于成为中国最大的第三方数据整合和场景化应用平台，以科技创新的方式推动互联网营销、金融、汽车、房产、旅游等行业的变革。

基于人工智能、机器学习等前沿技术，依托精准匹配模型以及对算法的迭代优化，北京集奥聚合有限公司构建了一系列大数据生态产品。其中，以金融雷达为代表的精准营销平台、风控评分平台和反欺诈平台，都

显著提高了金融机构的服务能力，降低了成本，得到了用户的高度认可。仅用了 6 个月的时间，就成功覆盖数百家金融用户，对接了数百个项目，迅速成为金融大数据领域的品牌服务商。

近两年，北京集奥聚合有限公司加速了大数据生态的战略布局，从模式创新到大数据信息安全体系的构建，北京集奥聚合有限公司一直都保持着行业领先地位。更可喜的是，北京集奥聚合有限公司成功入选“2015 年中关村独角兽企业”，成为一股新锐力量。截至目前，北京集奥聚合有限公司及其子公司已经为数千家用户、数百家金融机构提供了服务。

随着时代发展，5G 必然会全面重塑商业生态，开启各行各业的数字化浪潮，营销业也会发生颠覆式变革。

在全新的营销生态中，品牌经营模式、媒体格局、营销规则等，一切都将重构，5G 成为新的基础生产力，激活智能营销与效率革命的无限可能。那么，具体来说，5G 时代，营销会发生哪些变革？品牌如何调整营销策略？

5G 时代，品牌收集到的数据将更加全面立体。借助 AI 技术的帮助，数据、信息的处理和筛选，都将不再是难题；全面收集、分析和激活数据，品牌就能获取完整、真实、丰满的用户信息，对用户行为和需求进行准确预测，获得一定的预判能力。

精准营销升级，众人都会被渗透到营销形式中。广告行业经常畅想的一个场景是：5G 时代，基于数字广告牌前某个受众的人口和行为信息，能够实时即刻地变换广告；针对同一用户，还能真正在几秒钟内改变广告动态，让广告更符合即时的语境与心境。

除了精准信息触达，还有精准化服务。5G 生态中的营销，品牌的着眼点，除了信息触达与交互，更要为用户提供更好的个性化和定制化的服务。比如，在食客点餐的过程中，就可以根据用户的过往消费记录以及实时反馈，为他们自动化生成最合适的菜单。

交易自动化，品牌如何抓住机遇？传播触点与营销触点的合一化，必然会成为5G时代的重要趋势。未来，用户的采购决策与执行，甚至都会交给人工智能助理，让其自动下单。例如，冰箱会自动感知食物没了，然后根据用户的饮食习惯及采购记录，自动在网上下单采购。由此，人工智能助理必然会成为一个私人秘书，根据每个人的习惯，把生活安排得井井有条，包括日常采购与商品推荐。

智能营销系统的七大核心类别如下（见图6–1）。

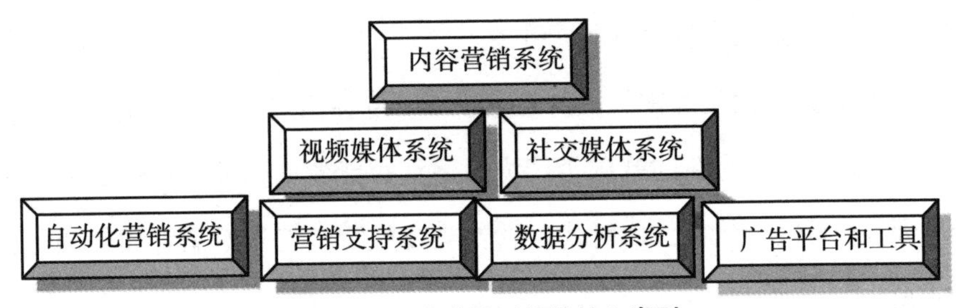

图6–1　智能营销系统的核心类别

1. 内容营销系统

内容营销系统由许多内容营销工具组成，主要是针对内容营销的不同方面提供辅助与支持。例如，内容管理系统是处理内容的主要工具；搜索引擎优化主要用于收集有关的关键词和竞争对手的数据，检查SEO实践是否到位；A/B测试，允许企业测试哪个版本在用户运营互动方面效果最佳。此外，内容营销平台、数字资产管理等也是组成内容营销系统的重要部分。

2. 社交媒体系统

社交媒体，不仅是企业的重要销售渠道，也是与潜客、用户建立持久联系的一种好方式。社交媒体管理工具，不仅可以帮助营销人员对社交媒体账户进行计划、发布、社区管理和分析；还能够帮助企业对品牌的互动、竞争和行业趋势等进行跟踪。

3. 视频媒体系统

丰富的媒体系统可以归类为内容营销系统的子集，但它们主要处理的是内容的设计、视频和音频。媒体系统工具主要包括视频制作工具、视频营销平台、播客工具和应用程序、平面设计工具、互动内容工具等。

4. 自动化营销系统

自动化营销系统由营销自动化软件、邮件营销工具和移动营销平台组成，主要工作是给用户发送推送通知、促销和优惠等信息，对用户行为和生成报告进行追踪，增强移动应用的用户体验。

5. 广告平台和工具

广告平台主要负责简化付费广告工作，主要包括搜索引擎营销、社交媒体广告、本地广告和程序化广告。广告平台和工具主要包括搜索引擎营销（SEM）、社交媒体广告、本地广告和程序广告。

6. 营销支持系统

（1）营销自动化工具。该工具主要负责联系人管理、潜在用户管理、批量电子邮件、点击呼叫、电话录音等。

（2）用户支持工具。该工具允许品牌与用户沟通，能够回答他们的疑问，并解决他们的问题。

（3）用户关系管理系统。该功能具备联系人管理、提醒、日历、任务管理、市场活动管理和报告等功能。

7. 数据分析系统

数据分析系统主要是通过数据管理平台、用户数据平台和网络分析平台等，对数据进行管理和分析，并做出有效预测。

四、面向产业原型，实现营销手段创新

从2017年开始，人工智能在产业应用里已经成功落地，我们进入了全面迎接“智能+”的时代。无论是“智能+城市大脑”，还是“智慧城市”，抑或是“智能+健康+医疗”，都意味着产业智能化的升级。那么，“智能+营销”意味着什么?

从概念的角度来看，智能营销是以数据为驱动、以用户需求为中心，用AI技术让广告内容智能化生产、智能化传播、智能化互动，形成一个智能化闭环，最终满足用户的需求，实现需求最佳效率的匹配。

从广告投放的产业链来看，无论是用户洞察、动态智能创意，还是个性化推荐、效果评估，都实现了智能化。

今天，数字广告、智能广告和智能营销的基础都是大数据，在企业资产中，数据跟品牌同样重要。

用户既然能够接受你，必然是有原因的。可是，即使你的产品和服务已经很好，用户最终决定购买你的产品，多半还会经历一个接受的过程，从接触到认知，再到认可，直到信任和憧憬，最终产生购买，这就是营销的整条路径。

构成智慧化营销的四个核心维度分别是场景、IP、社群和传播。

（1）场景是用户在其心中的基础定位。场景是企业展现给用户的产品

内容，可以从两个维度来理解，如表 6-2 所示。

表6-2　场景的两个维度

维度	说明
视觉	视觉维度是企业对产品在营销过程中的展览展示，包括营销场地、工具、产品、营销人员。比如，房地产企业卖房子的时候，会花费巨资建豪华的售楼部、搭建贵重的营销工具，营销人员从服装到言谈举止都会经过系统培训。奢华场景容易让人产生联想：我未来是不是也能生活在这样的社区？其实，只要冷静下来就会明白，有几个人能把家装修得像售楼部那样豪华
故事	企业营销的一门必修课是讲故事，相对于冷冰冰的产品说明，故事更容易让人接受。只要将故事具体到个人，就能立刻提高接受度和信任感，甚至还能跟部分用户产生心灵共鸣。如今，自媒体上短视频非常流行，原因也在于此。既有场景，也有剧情、主题，还是大家喜闻乐见的形式，自然就会爆红于网络

（2）IP 时代，给用户一个追随的理由。IP 就是知识财产，是文化积累到一定量级后所输出的精华，具备完整的世界观、价值观，有自己的生命力，适合二次或多次改编开发的影视文学、游戏动漫等。

谈到 IP，很多人都会立刻想到《九层妖塔》《精绝古城》等影视作品。这些电视剧源自《盗墓笔记》《鬼吹灯》等网络小说，不仅被改编成网络游戏，更被改编成大电影，其商业生命力就来源于数量庞大的粉丝群体。同样，还有“罗辑思维”的罗振宇，每天都在辛苦地给大家分享知识，坚持下来，最终取得了成功。

对于智慧化营销来说，IP 就是企业的品牌个性和传导的价值观，基于企业文化特性，用用户喜欢的方式持续不断地输出相关内容，每次输出都能给用户带来一定的感触，这就是价值。

（3）社群是志同道合者的欢乐场。打造智慧化营销，就要重视社群这个维度的作用。所谓社群，就是众人围绕一个价值共同点，连接到一起，凝聚成一个团体。该价值共同点可以是某个意见领袖、行业大咖，也可以是某个产品或兴趣爱好，没有太多的硬件要求。社群成员之间资源对接，技能信息共享，人、钱、信息等要素经过发酵，可以带来让人无法想象的价值。借助社群的力量，就能便捷地完成产品售前的信息触达，连同售中的答疑、售后服务等多个环节，就能搭建起适合的产品方案，提高客单价。

钱大妈是一家社区生鲜加盟品牌，目前在珠三角地区共拥有1000多家门店，是一家颇具代表性的生鲜企业。该品牌以“不卖隔夜肉”为理念，采用每日清货的方式，在线下聚集了不少忠实用户。

钱大妈将自己的目标客户设定为：对食材要求较高、注重家人身体健康的家庭主妇，以“不卖隔夜肉，所有生鲜主打新鲜”为价值主张，依托社区，为居民提供成熟、便利的生鲜商品购买渠道。2018年7月，钱大妈通过有赞开通了微信小程序店铺，打开了社交电商渠道，辐射门店三公里的用户，开启了“一小时配送”业务，开店首月就实现了约40万元的营业额；“电子会员卡”打通了微商城和门店会员，吸纳了百万会员粉丝。钱大妈通过微信裂变，打造了上千个微信群，增加了门店的覆盖面。

钱大妈受到众多大爷大妈的喜爱，这个群体逐渐也形成了钱大妈的品牌宣传员，逢人便夸。通过9年的积累，线下门店突破3000家，形成了完整的社区经营壁垒。

为了将群成员的价值最大化，钱大妈采取了很多策略，比如：为了提高群成员的参与性，钱大妈会在群里发放裂变红包类的优惠券，助力线上商城的传播和购买；为了增加社群的附加值，提高成员的黏性，钱大妈还制作了一些菜谱供大家学习；为了提高社群活跃度，会举办一些活跃气氛的小游戏。此外，钱大妈还会在社群中发放拼手气微信红包，手气最佳的用户可以获得一份店铺内的生鲜产品，比如一份鸡翅。

（4）通过传播，让金子发出光芒。即使是再耀眼的黄金，也无法在黑暗里大放光芒。传播的根本目的是将信息传递出去，在人与人之间、人与社会之间，通过有意义的符号进行信息的传递、接受或反馈。

如今，说到传播，很多人可能都会想到花钱做广告。当然，如果你有很多钱，拿钱做广告，操作起来确实也很轻松。可是，很多小微企业，还有初次创业者，根本就无法拿出太多的资金去做广告传播，需要付出更多的努力，让更多的免费资源为自己创造传播价值。

5G 时代，传播工具太多，企业一时间无法做出正确选择。其实，只要选择一个和自己产品相适合的，持续不断地输出价值，坚持下来，就能得到超乎想象的收获。

第七章

全场景体验，全面开启更广阔的体验空间

一、借助有效产品载体，承载数据智能

我们先来举一个家居领域的例子。

跟随世界从“互联”走向“物联”的脚步，智能家居也在一步步壮大。每个走进大德智能体验中心展厅的人，都会对新的、智能化的生活方式心生向往。这里，语音交互是基本配置，只要张张嘴，就能解决很多问题。

比如，用户想看大片，只需要说一声“我要看电影”，窗帘就会被拉上，灯光也会立刻变暗，电视开始自动播放；用户做出一个挥手的手势，柜门就会自动打开，衣柜里还内置了照明系统和防潮除菌系统；在厨房做大餐，只要下一道命令，油烟机就会开始工作；外面下雨了，窗户就会自动关闭……

大德智能聚焦中高端用户群体，致力于产品互联、集个性化和更优越的体验，它既不是卖单一产品，也不是卖技术，而是提供场景化的解决方案，通过赋予传统家居的智能技术，为用户提供不同生活环境下的家居选择。

同行中的企业，要么忙着争夺入口，要么只是在单品智能上下功夫，很少有品牌能拿出一整套解决方案，智能交互体验和支持定制化的始终是少数。原因有以下两点。

一方面，喜欢将智能家电与智能家居混为一谈。智能家居与智能家电有着密切的关系，但即使家里的智能家电产品再丰富，也不能称为智能家居。目前，各厂家的智能家电、智能单品大多采用 Wi-Fi 通信技术，各家电都会占用一个 IP，而无线路由器对接入的用户点数是有限制的，一般最多十个。而采用 Zigbee 等无线通信协议的智能家居，则不存在这个问题，所有控制终端都能通过大德智能主机进行控制，既不会重复占用网络资源，也不需要多个 App 进行控制。

另一方面，整体解决方案提供的并不是简单的“产品 + 服务”。该方案，不仅对技术提出了更高的要求，整体解决的成本更高。因为整体解决方案多数都属于定制化服务，首先需要用户的单个订单足够大，才能保证定制化的服务利润。但是，只有完整的全屋智能解决方案，才能给用户带来更佳的体验感。

智能家居不仅实现了家电与家电、家电与家居之间的互联互通，还涉及安防、照明、能源等不同系统以及大数据资源。大德智能通过场景化的消费体验，不仅满足了市场的新需求，还逐渐形成了以房地产行业为上游、家居行业为中游、家电行业为下游的产业链结构，围绕每个家庭的需求，利用智慧家庭解决方案，进行场景阐述与布局，例如，安全模式、健康模式、娱乐模式、休闲模式等，将原有用户家居生活最基本的区域场景，升级为充满人性化的生活智能场景。

5G 时代，得场景者得天下。打造应用场景和提高场景体验，是满足智能家居用户需求的有效路径。场景能够更加深入和直观地让用户感受到智能家居的无处不在，“身临其境”的生活场景也更加引人入胜。

5G 时代，人们与品牌的交互变得比以前更加紧密，但随着经济形势的变化，用户的消费心理、消费行为、消费方式等也发生了很大转变。用户越来越趋于从营销场景中感受产品和品牌，精心搭建的场景更容易激发用户的行为，更容易激发用户的代入感，触发用户内心深处的情感共鸣，激励用户产生购买行为。

为了提高营销效果，品牌需要从过去线上或线下单一的场景，转变为跨行业、跨领域的多元化营销场景，全方位捕获受众的注意力，抢占用户心智。

数据智能是一种由高价值大数据有效驱动的智能业务。从用户视角来看，是先有业务需求，再有数据智能产品或解决方案。例如，为了做智能营销，就要引发有关用户画像的机器学习需求，而机器学习类的算法需求又会引发对高质量数据样本、数据标签等的依赖。

从产品与解决方案的系统视角看，需要先打下良好的地基——大数据平台，再以此为基础，构建机器学习算法领衔的人工智能平台，为应用层的业务功能提供支持，实现用户的业务规划和产出预期。

（1）在内容方面。在用户对广告“言听计从”的年代，品牌营销的理念是：“用户到哪里，广告就打到哪里。”如今，用户不再是被动接受者了，单调重复、缺乏创意的广告内容，只会让用户停止脚步，甚至渐行渐远。因此，无论外界如何变化，品牌依然要深耕内容，因为内容依然是抓住用户的关键。

可口可乐基于美团的大数据洞察，挖掘出了30个中国城市的代表性美食，定制了30款“城市美食罐”，然后以“城市美食罐”为载体，在线上进行AR趣味互动，解锁美食故事，发放优惠好礼，吸引用户到店体验，用大数据科技传递了30座城市传统美食情怀。

在线下，美团点评在30座城市招募了上万家优质风味餐厅，铺设城市美食罐物料，为品牌规模化触达线下餐厅，增加了新的供给渠道，成功绑定了可口可乐与多元化的本土美食场景，打造了"Food + 可口可乐"场景营销，实现了品牌与生意的双增长。

（2）在营销侧。在 5G、AI 等新一代信息技术的支持下，品牌与用户的互动方式呈现出多元化的趋势，营销方式多种多样，比如，内容互动、直播营销、活动营销、积分营销、流量营销等。很多企业及品牌以精准个性的用户互动体验，成功地进入用户心智，实现了深度连接与交互。

以电商直播为例。借助直播技术，用户不仅能看到直播间的整体情况，还能清晰地看到商品情况，拥有更真实的购物体验，最后用户就能通过与主播的沟通互动融入购物场景中。

二、以轻松的游戏化模式，实现终极营销目的

5G时代，广告无处不在，电视、书报、户外、计算机、手机……都是信息的来源途径。

5G时代，推广无处不在，短信、邮件、电话，即使坐在办公室、待在家中，也会有人上门推销。

信息过载的今天，面对广告的轰炸和骚扰，受众会自动忽略90%信息，甚至变得麻木，即使有10%能够引起他们的注意，也无法提起兴趣。但多数用户都喜欢游戏，用游戏化的思维来设计营销，就能诱惑用户、让他上瘾，最终让他欲罢不能。

传统的促销活动主要包括打折、减价、送券或抽奖等，虽然也能给用户带来一定的实惠，却无法做出新意，用户的参与欲望也会越来越低。2018年4月清明节三天假日期间，山东紫隆商贸有限公司为终端商家、卖场带来了更加劲爆的活动——抓钱机，引爆了各大商场。

商场促销活动期间，累计购物满300元，就能获得一张“抓钱牛牛卡”，用户拿着这张卡，就能进入透明的抓钱机内；只要按动开关，标有面值的纸片就会被吹动起来，面值从1元至100元不等，在规定时间内任意抓，抓到多少面值的纸片，就能兑换多少购物卡。用户通过抓钱，抓出

了福气、喜气和财气。

在喜庆的节日，用户亲身体会抓“钱”的乐趣，且百分之百能抓中，心情也会好起来。同时，抓多抓少凭个人运气，既增加了很多不确定性，也增加了众人的参与性。为了进去抓“钱”，有些人就会买够300元；抓了奖券，还能带来新的消费，对于商家来说，这是最有效果的软促销工具，最大化地调动了人们的参与积极性，让活动现场“嗨”到极致。

所谓游戏化营销，就是提取游戏的设计思维、模式和机制，促使玩家不断前进，积累奖励，沉浸其中。应用到品牌营销中，游戏化的目的就是要使人们反复购买更多的产品和服务。

在这个信息爆炸化、碎片化时代，用户一般都无法接受自己不感兴趣、与自己无关的信息。开展游戏化营销，让用户真正参与进来、多方互动并“上瘾”，就能更高效地实现营销目的。

在数字技术、社交媒体不断发展的当下，游戏是年轻群体中影响力比较广泛、最易获取注意力的娱乐方式之一。“游戏化”在数字营销领域中扮演着重要的角色，是未来品牌吸引用户、获得用户忠诚的重要机制之一。

耐克中国与长期创意伙伴Wieden+Kennedy在上海携手打造了一款真人跑步游戏——“REACTLAND”，用户化身为游戏主角，体验到了NIKE REACT科技带来的独特感受；同时，也充分体现了产品的四大特点：柔软性、回弹性、耐久性和轻盈性。

游戏体验简单有趣：拍照生成专属游戏形象，用户只要穿上耐克REACT跑鞋，跳上大屏幕前的跑步机，握着游戏手柄，就能体验到轻松跑遍欧亚大陆的感觉。

耐克运用游戏化形式，成功地将产品信息、娱乐性和分享性融入三分钟的真人游戏中，创造出一种全新的线下试穿体验，吸引了用户的眼球。

品牌游戏化营销，为了设计出打动人心的营销方案，不仅要知其然，更要知其所以然。

当今世界是一个娱乐业发达的时代，无论是哪个阶层的人们，追求更多的乐趣都是重要的消费主题。特别是随着新媒体、自媒体等新型社交网络的发展，“90后”“00后”等已经初步成为新时代下的消费主力军。该年龄段的年轻人喜欢在社交平台上参与活动、喜欢跟他人分享，喜欢追求更加刺激与新鲜的内容，也渴望获得成就感。如此，就为品牌营销提供了新的机会——游戏化营销。

企业品牌必须借助游戏化的平台，与用户之间建立感性关系，让用户在玩游戏过程中体验品牌的魅力，有效开展营销。当然，品牌想要做好游戏化营销，先要重点考虑并解决好以下四个问题，如表7-1所示。

表7-1　游戏化营销的重点

重点	说明
多方参与	游戏化的初衷在于鼓励人们参与进来，因此，不仅要激励用户投入游戏中去，还要让他们更频繁地关注与品牌相关的信息，比如，官网、社交媒体平台等。要采取一切有效措施，努力让用户参与其中
积极互动	要通过游戏化的设计，使营销者对用户反馈进行及时监测，并通过调整行动奖励，有针对性地加强特定板块用户的参与度
亲密度	亲密度由互动产生，良好的品牌互动能够增强用户对于品牌的青睐度；同时，在充满活力的游戏化环境中，更容易拉近用户与品牌的情感距离
影响力	游戏化的机制给用户提供了传播品牌的机会，一旦用户在游戏中有所收获，就会自发地在自己的社交圈中进一步分享，逐渐扩大影响范围

三、打通营销数据库，充分利用数据分析

什么是数据库营销?

所谓数据库营销，就是企业通过收集和积累会员(用户或用户)信息，经过分析筛选，有针对性地使用电子邮件、短信、电话和信件等，进行用户深度挖掘与关系维护；或者，以与用户建立一对一的互动沟通关系为目标，依赖庞大的用户信息库，进行长期促销活动。

家乐福超市的总部在法国，是世界知名的商业零售连锁企业。2020年，家乐福在世界500强排行榜中，排名第98位。如今，我国多个城市建有家乐福连锁超市。

1995年家乐福进入我国市场，第一站是上海。家乐福进入上海零售市场时，沃尔玛、欧尚等多家知名大型零售卖场均已进驻上海，为了在上海立足，家乐福与一家邮政公司合作，以数据库营销为切入点，委托该邮政公司承担了家乐福在上海的广告宣传业务。

在营销实践中，该邮政公司不仅主动捕捉信息，成立项目团队，对目标用户群体进行详细分类；还通过广告投递人员的现场确认，修改与完善目标用户群体的姓名和地址信息。完善数据库后，该邮政公司通过邮寄式的数据库营销，进一步扩大了家乐福的社会知名度。

借助邮政公司的精细化服务，到家乐福购物的用户明显增多，家乐福在上海拥有了一席之地。

数据库营销是直接营销的一种形式，涉及众多用户数据收集工作，例如：姓名、地址、电子邮件、电话号码、交易历史记录、用户支持通知单等。然后，这些信息被分析后，会用于为每个用户创建个性化体验或吸引潜在用户。

5G时代，科技高速发展，人类迅速进入信息化时代。用户数据库的组建维护、数据分析及营销推广，不仅技术上非常容易，费用也在多数企业的可承受范围之内。概括起来，数据库营销主要有以下五个特点，如表7-2所示。

表7-2　数据化营销的特点

特点	说明
竞争隐蔽化	比如，网络广告、软文营销、新闻营销等，都是企业使用最多的营销策略。跟这些营销策略比起来，数据库营销就比较隐蔽化，除了内部人员，外部人员根本就不知道具体的实施办法
反馈率高	在营销过程中，提高用户反馈率，收集用户反馈信息，是一项重要工作。数据库营销的用户反馈率非常高，借助数据库营销，就能容易地抓住用户心理和需求
个性化	世界上没有完全相同的两个人。营销的最理想状态是有针对性地实施。数据库营销，通过对用户的行为分析，有针对性地展开营销，具备个性化的特点
性价比高	能够最大化地将新用户转化成老用户，深入开发和挖掘老用户的价值，极大地压缩成本，提高收益
快速精准	能够快速、精确地找到目标用户，还可以有针对性地与用户进行一对一沟通

数据库营销，可以为品牌带来如下好处。

首先，维护用户关系。想让用户持续消费，首先就要维护好用户关系。但用户群体一般都非常庞大，要想有效地维护用户群，就要进行一定的数据库分析，降低维护成本。

其次，开发老用户。对于品牌来说，老用户非常重要。要想让老用户重复购买，首先就要建立数据库。只要将用户喜好和消费习惯数据记录下来，并为用户推荐一些符合用户、用户喜好的产品，就能大大提高营销效果。

数据库是精准营销中的一个重要环节，没有数据库的支持，就无法提高营销的精准度。那么，究竟如何利用数据库进行营销推广呢？

1. 组建有效的用户数据库

组建用户数据库，就数据库推广基础的基础；要想看一个企业对数据库营销的重视程度，首先就要看看该企业如何收集、鉴别用户数据，以及如何管理维护数据库。

（1）数据收集。既然要建立用户数据库，就要尽可能地收集用户信息，比如，年龄、性别、职业、收入、学历、爱好、性格、习惯、价值观、电话、地址、E-mail 等，越多越好。还可以动用企业所有、自己可利用的资源，大范围地收集用户信息，比如，直接购买用户资料、异业交换用户数据、吸引用户主动申请等。

（2）数据甄别。只有经过甄别，收集的资料才是精准的。一方面，各种途径收集上来的用户资料不一定都是真实的，企业要安排人手通过电话复核、资料逻辑比较等方式全面监测用户资料的真实性。另一方面，企业的资源是有限的，不可能满足所有用户的需求，只能重点满足目标用户的需求。针对收集上来的用户资料，企业要根据事先锁定目标用户的生理、心理、行为特征进行筛选和分类，不吻合目标用户条件的，该舍弃的舍弃，该忽视的忽视；根据与目标用户锁定条件的吻合度，将收集到的用户资料分为 A、B、C 和淘汰等四类。

（3）数据管理。要用一套先进的 CRM 软件，进行用户资料的录入、查询和筛选，同时要时时更新。如果一时头脑发热，想开展数据库营销，结果购买、索取、获得了用户资料后就没有了下文，不进行系统的维护更新，那一切工作等于零。要知道，企业的用户是流动的，用户的年龄是变化的，总不能给 3 年前出生新生儿家庭继续寄送“奶粉如何喂养”的资料吧。

2. 深入分析数据库

缺少分析功能的数据库，就好比守着一块金矿而不知道怎样挖掘。如何能发挥出数据库应有的价值与作用？一方面，企业要寻找 / 开发合适的数据分析软件，让数据说话。优秀的数据分析软件，不仅具备基本的数据处理功能，还具备界面生动、简单易学、反应快速等特性，更能提供预警、预测等高级功能。另一方面，企业必须拥有懂数据分析更懂营销的高级复合型人才，才能在冰冷的数据与复杂多变的用户需求、形式多样的营销策略之间建立桥梁。

普通的数据分析包括趋势分析、比重分析等。

相对高级的数据分析包括回归分析、交叉分析等，特别是交叉分析在营销业界被广泛地运用。比如，分析用户收入与需求、年龄与需求、职业与需求、性别与需求、学历与需求之间的关系等。

更高级的数据分析是深度挖掘发现型分析，包括因子分析、差异分析、聚类分析。

在数据库中，年龄、性别、职业等用户特征比较容易获取，难的是用户群体的心理特征。面对千千万万的用户，如何判断他是价格敏感型的？

追求情调型的？热爱运动型的？注重健康型的？……只有通过数据挖掘技术，进行大量的分析归纳，才能找出不同价值观、不同心理偏好为特征的用户群。比如，分析用户的购物清单，假设清单中80%的商品都是超市的特价商品，就可以将用户归纳为价格敏感一族；追踪用户的购买历史数据，发现某用户常常购买有机食品、运动装备、保健品等，就可以归为注重健康一族。

这种基于共同心理特征的数据挖掘分析，代表了营销数据分析的最新方向。

3. 找准消费者

要想准确定位消费者，可以使用用户定位（分层）的最科学模型——RFM。

通过用户分层，可以区分高价值用户以及低价值用户；也可以了解到哪些用户正在活跃，又有哪些正在流失，继而针对不同层级的用户制定相应的运营策略，才能做到精细化。RFM 模型是网点衡量当前用户价值和客户潜在价值的重要工具和手段。

（1）R（Recency）即最近一次消费，指的是用户在店铺消费最近一次和上一次的时间间隔，理论上 R 值越小的客户是活跃度越高的客户，即对店铺的回购概率最有可能产生回应。

（2）F（Frequency）即消费频率，指的是用户在固定时间内的购买次数。但是，如果操作中实际店铺由于受品类宽度的原因，比如卖 3C 产品，耐用品等即使是忠实粉丝用户也很难在 1 年内购买多次。所以，运营 RFM 模型时，可以把 F 值的时间范围去掉，替换成累计购买次数。

（3）M（Monetary）即消费金额，指的是一段时间（通常是 1 年）内的消费金额。对于一般店铺类目而言，产品价格都比较单一，价格浮动范围基本在某个特定消费群的可接受范围内；再加上，单一品类购买频次不高，所以，M值对客户细分的作用相对较弱。因此，用店铺的累计购买金额和平均客单价替代传统的M值能更好地体现客户消费金额的差异。

这里，R值能够判新用户的活跃程度；F值能够判断用户的忠诚程度；M值能够判断用户对于平台的贡献价值，即重要程度。据此，可以先通过M值（消费金额）将用户分成两部分：一部分是贡献金额较多的用户，另一部分是贡献金额相对较少的用户。接着，通过F值（消费频率）将用户分成忠诚与不忠诚，得到四个层级的用户。最后，再用R值（最近一次消费）将用户分成活跃与不活跃，得到最终的八个层级的用户：重要价值用户、重要发展用户、重要召回用户、重要挽留用户、一般价值用户、一般发展用户、一般召回用户、一般挽留用户。

每个层级的用户特征不同，对于每个层级的用户采取定制化运营策略：

重要价值用户——优质服务，重点保持。

重要发展用户——重点提升消费频次，跃入重要价值用户。

重要召回用户——有段时间未来消费，提醒其消费。

重要挽留用户——流失风险较大，采取措施，如优惠券召回等。

一般价值用户——提升客单价，然后跃入重要价值用户。

一般发展用户——新用户，提升消费频次。

一般召回用户——提醒消费，维持用户。

一般挽留用户——流失风险较大，采取措施，如优惠券召回等。

4. 基于数据分析的推广

数据分析，不仅能找出各类的用户群，还能找出各种影响购买行为的因素，但必须根据严谨的数据分析，有针对性地采用各种推广策略，达到维护用户忠诚、拉拢新用户、提高品牌、促进消费等目的。

首先，对目标用户进行再分类。考虑到时间、沟通费用等成本代价，特别是对具有海量用户群的企业来说，如电信、银行、零售业等，并不能真正一对一地定制个性化推广策略，数据库营销推广只能有限靠近一对一的个性化推广。比如，英国的特易购公司，根据用户的生理、心理、行为等特征，将数千万用户划分为年轻学生、家庭主妇、注重健康的、爱好运动的、实惠的、情调的、忠诚的、游离的等 80 个用户群类别。

其次，对不同用户实施不同的推广策略。不同的用户群有不同的购买心理及行为，品牌要根据他们不同的心理和行为来设计不同的推广策略。例如：

在通信业，对高端商务用户，采用积分奖励、送培训券、财经书籍等；对打工一族，推出低价长途套餐，开展“订套餐送大奖”活动；对学生群体，使用短信、彩铃创作大赛等多种推广策略。

在餐饮业，对老用户实施“忠诚奖励”计划，比如：“就餐满五次送一次免费就餐”“满十次送三次就餐”；对游离型和新用户，实施“来就送新菜肴一盆”“现场打 9 折”等活动；对注重营养的用户，采取“赠送养生之道的书籍”；对注重美丽的女士，推荐能美容的食品等。

事实证明，企业只要注重数据库营销，重视不同用户的心理和行为特征，就能设计出因人因群而异的推广策略。

最后，用新的推广手段，与用户沟通。推广的常规手段包括：买赠、抽奖、积分奖励、免费试用、特价、优惠券等，品牌企业要根据用户群特征，有针对性地进行运用创新，如零售店推广，“今天来购物，所有商品 8 折，还送鲜花”；美发美容店，“今天免费美发美容，以示祝贺”；电影院，“今天免费看电影”；餐饮店，“今天来就餐，免费送蛋糕，餐费折上折”；电信，“今天打电话，接听免费，打出 5 折收费”等。

四、创新用户体验路径，打造良好营销环境

什么是用户体验路径？是用户对品牌从陌生到认识，再到拥护的过程。

用户体验路径的过程，很像一位女士面对追求者的反应：偶遇、触电、纠结、行动，最后介绍给所有亲朋好友。

下面，我们就按照这个过程来强化记忆这五个阶段。

甲：认知阶段——我知道。

接触点：其他人的介绍，无意中看到的广告，回忆过往的经验。

这一阶段，就像你在街上遇见心仪的异性，或者朋友介绍对象给单身的你。如果介绍的对象就是你在街上遇到过的那位，那简直就太完美了。

乙：诉求阶段——我喜欢。

接触点：受到品牌吸引，对广告诉求产生联想，产生长期记忆。

近距离打量之后，发现他就是你一直梦想的那一款，各方面都很对你的口味，你甚至开始在心里想象未来两个人的生活了。

丙：询问阶段——我纠结。

接触点：向朋友请教，上网看评价，联系客服，对比价格，店内试用等。

第一印象不错，就可以单独约饭、逛街了。但是，人无完人，货无极品，选择是痛苦的，选择同时意味着放弃。

你开始纠结，开始怀疑他的承诺是不是真的。你一边拍拖，一边求助于过来人。用户会在这个阶段开始大量搜索来自第三方的评价。

丁：行动阶段——我要买。

接触点：在实体商店或者电商购买，第一次使用，投诉问题，接受服务等。

各种意见听了一大堆，主意还要自己拿。在更多资讯的强化下，你坚定了自己的选择。于是，从购买到使用产品或服务，开始跟品牌互动。

戊：倡导阶段——我推荐。

接触点：继续使用这个品牌，重复购买，向其他人推荐。

自己已经做出了选择，也有了初体验，如果确实不错，就转正成为亲人，介绍给亲朋好友，长久在一起。

请一定要记住以下五个阶段。

甲：我知道。

乙：我喜欢。

丙：我纠结。

丁：我要买。

戊：我推荐。

在这5个阶段中，对决策影响最大的是丙阶段，因为它代表了用户的好奇心大不大、决策的时间长不长。好奇心大说明用户有耐心，会深入研究品牌信息；但是如果纠结时间太长，也可能会夜长梦多。为什么会纠结呢？因为用户对“品牌的承诺”不够了解。就像女人决定和另一半在一起之前，总会想：他说的话是不是真的？如果没那么纠结，也会有另一种可能，即她不太在乎。不过，好奇心太大，风险也大，还是程度适中最好。

这时候，又会提出第二个问题：怎么看用户在不在乎品牌呢？答案就是，戊：我推荐。

两人在一起，不一定会长久。她只有真的在乎你，才会把你介绍给家里人。为什么用户愿意把品牌介绍给朋友和昭告天下，因为“品牌的亲和力”，她把你当成了亲人。

所以，“丁：我要买”和“戊：我推荐”是衡量用户忠诚度的关键。

知道了这些，就能为企业制定营销策略的指南。

最理想的体验路径是这样的：适当的“丙：我纠结”和大大的“戊：我推荐”。也就是说，用户对品牌有一定的好奇心，但不会太过挑剔，不会刨根问底。购买之后，热情不降反升，满意度很高，会主动地把品牌介绍给周围的其他人。如此，你的生意就容易赚得盆满钵满。

但是，真实世界根本就不是这样的。比如，做教育业或旅游业，用户的购买过程会很理性。先别跟我抛媚眼（乙：我喜欢），抛也没用，我先查查你的口碑（丙：我纠结）再说。如果审查通过了，一切就顺理成章，一手交钱一手交货，推荐值（戊：我推荐）也很正常。从品牌直觉（乙：我喜欢）上差异并不大，所以用户一般不会受广告（乙：我喜欢）的影响，更重视其他用户的反馈信息和口碑评价。

这类用户，在购买决策过程中，有最强的好奇心（丙：我纠结）。也就是说，更准确的承诺会促进用户买单。

5G 时代，生产及消费行为已经发生了根本变化，许多企业纷纷以体验为基础，开发新产品，提供新服务。体验经济的兴起也为企业提高服务、开发产品带来了新的机遇。

当然，这种体验通常也是需要诱发的，企业不仅要采取一定的体验方法，还要为用户提供特定种类的体验形式（见图 7–1）。

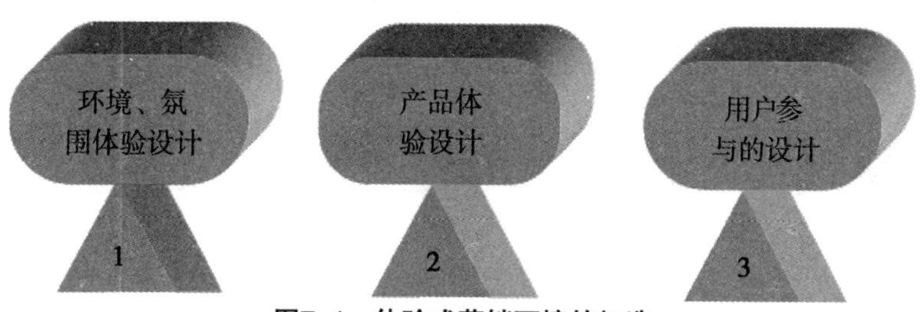

图7–1　体验式营销环境的打造

（1）环境、氛围体验设计。根据美国体验营销专家施密特教授把不同的体验形态看作“战略经验模块”，认为大脑是由具有不同功能的模块组成的概念，可以将体验分为感觉、情感、思维、行动和关联五种形态。

各形态都有自己独特的构成和处理程序，构成了体验营销框架，这里“感觉”可以引起人们的注意；“情感”可以使客人的体验变得个性化；“思维”能加强对体验的认知；“行动”可以唤起对体验的投入；“关联”可以使体验在更广泛的背景下产生意义。

所谓氛围，就是围绕某一场所或环境产生的效果或感觉。好的氛围会像磁石一样牢牢地将用户吸引住，使用户频频光顾，要营造一种使人流连忘返的氛围体验。

北京的“球迷餐厅”，铺面屋顶上挂着大大小小的足球，四周墙上贴着贝肯鲍尔、马拉多纳、古力特等世界球星的照片。为了增加自己的“权威性”，餐厅还请时任国家体委主任的伍绍祖为餐厅题写了“球迷之家”几个大字。

餐厅包间都以各足球俱乐部名称命名，比如，国际米兰、尤文图斯、AC 米兰、阿贾克斯……几乎所有的豪门都汇聚于此，甚至还设有国际足联厅。在国际米兰包间内，32 号维埃里的真品球衣是餐厅老板从意大利带回来的。连菜名都与足球有关，塑造了浓重的体育氛围。

（2）产品体验设计。企业在设计产品时，要充分调动用户的各种感官，让用户看到、闻到、听到、摸到和尝到，比如：提供特色设计的菜单；菜名和点菜的方式独特而有个性，丰富菜的口味和颜色搭配；让用户看到蒸煮食物的方法；独特的上菜方式、提倡并推行独特的食用方式。产品体验所涉及的感官越多，越容易成功，越令人难忘。

好的餐馆和产品，一般都能转化为用户难以忘怀的体验。食物虽然会作为商品消费掉，但它作为用户的体验，却会长久地保留在用户的记忆中。全聚德就恰到好处地利用自己的产品创造出了多种感官体验，让用户容易感知，增加了许多体验过程，给人以愉快、赏心悦目的感觉。

全聚德烤鸭，外形美观，丰盈饱满；皮色鲜艳呈枣红，宛如绸缎般光洁；

表皮酥脆，将片下的脆皮扔在盘中，铿锵有声；吃起来，皮脆肉嫩、鲜美酥香、肥而不腻。片鸭时，近百片“丁香叶”呈现客人眼前，香气扑鼻。

将“丁香叶”拌上葱、酱和黄瓜条，用薄如纸的荷叶饼包卷后食用，第一口的感觉是薄饼绵软、鸭皮酥脆、瓜条清香、黄酱甜爽、葱丝辛甘，随着不断的咀嚼，慢慢让人感受多种美味，美不胜收，回味无穷。

（3）用户参与的设计。体验的一个重要前提是用户参与，离开了用户参与，仅走马观花地旁观，而不亲自参与其中，并在参与中思索与体会，是得不到真正的体验的。用户的“主动参与”是体验营销的根本所在，离开了用户的主动性，所有的“体验”都不可能产生，也无法被用户自己消费。

在服务过程中，用户与服务人员之间存在着大量的互动，会影响到用户体验及其感知价值的形成。

为了吸引用户参与，北京球迷餐厅门口专门设有一个小型球门，著名门将舒梅切尔的图像贴在墙上守门。凭就餐小票，每位客人都能来两脚。踢进去一次，赠纪念品；两次都进，送一个足球。

不过，这个球门与普通球门不同，不仅个头小，还悬挂在半空，因此对脚法的要求颇高。

此外，该餐厅还推出了“猜比分，赢足球”活动，用户填写一张当天的比分预测表，只要猜中，就能获得一个足球。另外，用户亲自参与食物的制作过程，更多地满足了人们的求知欲和好奇心，增加了用户体验的真实感与现场感。

第八章

内容为王，突破常规，打造营销差异点

一、突破信息过载瓶颈，引爆注意力经济

随着数字化技术应用的逐渐普及，在大数据算法的推荐下，内容信息正在潜移默化地占据我们的注意力。从一定意义上来说，精准、丰富、优质的内容，是很多人选择碎片化时间上网的必要条件。

如此，不仅极大地满足了人们的注意力，还为大数据贡献了“网络轨迹”的价值，深受内容营销的渗透和影响。

“网络为王”的时代，经过互联网上无数次交锋之后，一条原则似乎已经得到确认：注意力为王。

英特尔前董事长格罗夫说：“未来因特网之争是争夺眼球的战争。”也有学者说：“有价值的不再是信息，而是注意力。”为了提高营销效果，各品牌都有意无意地做足了“注意力”概念的炒作。

湖南有两家比较有名的餐饮企业，长沙各个商业广场都能看到它们的身影，这两家企业就是费大厨辣椒炒肉和炊烟时代小炒黄牛肉。如果这两家店名字叫“费大厨”和“炊烟时代”，传播效应多半都没有现在的好，因为这两个名字只是一个品牌名，没有锁定招牌菜；现在的名字，更有指向意义——用户要想吃辣椒炒肉，就去费大厨；要想吃小炒黄牛肉，就去炊烟时代。

为了打造超级单品，吸引用户的注意力，费大厨是如何做的？下面，我们就以费大厨炒肉为例来说明。

第一，该单品必须能满足用户的需求。辣椒炒肉是一道经典湘菜，也是所有湘菜馆都有的一道菜，在用户心中，辣椒炒肉是有群众基础的。不过，从另一面来说，用户对这道菜的期待值也很高。

第二，用微创新的手法重新设计辣椒炒肉。费大厨的辣椒炒肉使用的是浏阳土猪，采用的螺丝椒异常鲜嫩，不仅保持传统辣椒炒肉的辣椒和猪肉，还放入了银耳，可以让辣椒炒肉更嫩一些。此外，为了保持辣椒炒肉的口感和热度，会在辣椒炒肉盘子下点一根小蜡烛；上菜的时候，服务员还会说一句，“欢迎尝试费大厨辣椒炒肉”……

费大厨辣椒炒肉的成功告诉我们：品牌营销，不能凭空创造一个新的东西，要在原有的基础上做改良，让自己变得和别人不一样，打动用户。产品的全过程经过微创新，再加上适当的宣传，就能形成一个超级单品。

人的注意力是一种有限资源（消耗品），选择性注意，可以让我们将注意力集中在某一信息上，同时忽略掉其他信息。只有具备这种能力，在进化生存过程中，用户才能关注关键信息和任务。

注意力是心理需求的入口，数字媒介通过对符号的高效处理，在吸引注意力方面，比传统介质更有优势，可以让注重心理需求的新一代用户规模迅速扩大，可以将老一代用户的潜在心理需求挖掘出来。企业只要最大限度地吸引用户或用户的注意，培养潜在的消费群体，就能获得最大的利益。

从类型上来说，通过吸引粉丝注意力，形成的注意力经济可以概括为三种模式。

其一，以偶像为核心的明星经济，明星周边、代言、广告、影视节目等都是典型表现；

其二，围绕媒介内容的IP经济，例如，亲子真人秀节目就包括了：明星任务、户外景观、亲子互动、旅行故事等多种内容；

其三，以社群为核心的合伙人商业模式，例如，微信群、微商城、微信公众订阅号等，可以通过招募会员、举行线上线下活动等，打造具有情感黏度与粉丝热度的经济形式。

对于产品和企业来说，用户注意力是一项非常宝贵的资源。不管产品再好，如果没有被用户发现，都无法将它原本的价值发挥出来，更不能成为产品的增分项，给用户带来更优的使用体验。

那么，应该如何将用户注意力吸引到特定的地方，确保用户能看到他们想看到的东西呢？研究用户的思维方式，以及吸引他们注意力的方式，可以创建出优于竞品的用户体验，同时让用户满意。你可以帮他们快速、轻松地获取所需信息，并花费最少的时间来达成他们的目的。

1. 抓住用户的注意力

要想引爆注意力经济，可以将注意力看作一种货币。人们一般都异常重视自己的时间和认知能力，且不愿将宝贵的时间用来交换低价值的信息，为了激励他们把注意力放在你的信息上，就要努力激发他们的兴趣。

（1）进行斜视测试。使用鲜艳的颜色、大图或其他元素，都可能让人眼前一亮。那么，如何判断这些技巧是否有效？可以对内容进行快速测试，即斜视测试，具体方法是：先正常查看页面，然后斜视眼睛，直到无法辨认文字本身为止。届时，如果你能轻松地看到那些视觉上突出的元素，就说明效果不错。

（2）融入人脸元素。将人脸融入内容中，特别是需要直接展示给受众的内容。研究发现，人类也具有识别他人面孔的能力，将人脸元素融入其中，就能立刻吸引并抓住用户注意力。

（3）添加运动元素。要将运动元素融入设计中，例如动画。借助周边视觉原理，人类具有扫描环境中的潜在危险的能力，眼睛和注意力会被运动元素强烈地吸引住。

（4）字体加粗或色彩鲜艳。为了引起人们的注意，要给传递消息的特定区域（例如 CTA 按钮），应用鲜艳的色彩，甚至还可以设置文本的自身属性。

2. 利用原始冲动

脑中的高级神经已经进化到具备执行一种非常特殊的功能，即不断地审视环境，对自己看到的所有潜在食物来源、伴侣或潜在的危险进行评估，比如：你能吃吗？你能成为他的另一半吗？它会杀了你吗？……回答这些问题原本是人脑大部分的潜意识工作，但他本人现在不在，只能利用人类的本能和原始冲动，获得即时关注了。

（1）美食。美食图片可以激发出人类的原始冲动。有些餐厅广告做得非常好，即使只是看到，也会让人垂涎三尺。这类广告可以帮助我们将积极的体验与这些产品联系起来，取得理想的效果。

（2）潜在危险。危险是另一种强大的原始冲动，可以用来吸引用户的注意力。简单地说，当涉及用户对危险的原始反应时，冲击因素会产生奇妙的效果。

3. 利用情感和故事的力量

唤起情感，就能打开用户的思维，让他们愿意去探索和学习。给用户创造积极的情绪，让他们处于一种乐于接受的状态，他们可能会注意到你的产品，并与你的产品产生积极的心理联系；使用负面情绪，利用前面讨论过的原始冲动，也可以吸引用户的注意力。具体方法如表 8–1 所示。

表8–1　将情感和故事利用起来的方法

方法	说明
使用叙事手法	从某种意义上说，图片和视频是原始的故事，真正引人入胜的地方是，它们在人类大脑中创造的整体叙事，而不是视觉上的各个组成部分。把同样的想法应用到产品信息中，就是要讲述自己的故事，同时与用户保持沟通
融合多种元素	插入视频可能比静态图片的效果更佳。视频中包含了运动元素，可以自然地捕捉注意力；此外，也可以利用音乐、声音等力量来促成额外的情感反应，这是静态图片无法实现的
进行情感激励	运用图片和视觉效果，可以产生所需的效果。从主题到色调和情绪，甚至是配色方案，这些因素都能影响到最终的产品“框架”或受众心态

4. 为用户提供重要信息

购物时，如何确定购买哪类商品？如果跟多数人一样，依赖于包装的明显特征，比如尺寸或颜色，而不是包装盒上的实际文字，很可能连产品包装上的大部分单词都记不起来。人们通常不会注意与自己无关的信息，信息中只包含最重要的内容，不能让无用的信息给用户造成负担。因此，要了解你的最终用户，他们是谁、他们的痛点是什么，之后以此为线索，提高用户体验设计。

5. 利用对比的力量

看过减肥或健身广告的“前”和“后”镜头，相信人们都能了解到对比带来的力量。该原则主要包括，比较“好”和“坏”，“做”和“不做”，“有风险”和“安全”或类似的情况。基本上，只要能进行比较和对比，任何东西都能使用这个技巧。

二、突出品牌内容，强化个性化营销

如今，整个消费市场都处于一个全新的环境，新的消费模式和消费主体创造出了更多新的消费场景，人们已不再满足于同款、爆款，更加追求个性、限量款，以求达到“人无我有，人有我特”的境界。随着“互联网+”的快速发展，这种个性化消费理念也让各大品牌商开始潜移默化地开启个性化品牌建设。

近年来，中国用户的需求从“合群”转向“本我”，对自我关注与表达的诉求大幅提高，有些商家已经很好地做到了这一点，为用户成功塑造了强相关性的产品和用户体验。

在线下营销的个性化方面，“味全每日C”果汁就是一个高度相关的个性化营销。

果汁瓶上印有各种词句，并定期更新轮换，比如：“你爱你自己，你要喝果汁”“来点桃花运”“你欠我一点橙意”“你欠未来放手一搏”等。在消费的过程中，用户就能选择贴近自我价值观的产品。即使随手买瓶果汁，也要喝出自己的freestyle。

在线上营销的个性化方面，有些品牌也利用相关性玩出了新花样。比如，连咖啡推出的“口袋咖啡馆”小程序，让用户体会了一把开店的感觉。开一家自己定义的虚拟咖啡店，按照个人的喜好装修、选择要售卖的产品，在社交平台与朋友分享，当好友从店铺购买咖啡，店主就会得到相应的奖励。

为什么国际大牌能更容易受到用户青睐？除了高端的质量，还在于它们给用户提供了独一无二的产品，只要看到那几款代表产品就能联想到该品牌，这就是个性化发展给品牌带来的最直观效益。

仔细深究，不难发现：个性化需求明显的品牌，远比千篇一律的重复轰炸型品牌的营销成果更具穿透力和影响力。记住，个性化才是品牌营销的终极目标。对公司的产品进行设计，使其在目标用户心目中占有独特的、有价值的地位，使本企业和其他企业严格区分开来，并通过市场定位使用户感觉和认知到这种差别，就能在用户心目中留下特殊印象。

所谓个性化定位，就是打造与众不同。清晰的个性能让品牌与其他品牌明显区分开来，形成差异化，关键在于找到品牌最突出且用户关注的差异点。

作为主打运动和休闲场景的轻功能性饮料，脉动天然吸引着年轻爱运动的群体。如何在消费群体日益年轻化的趋势下，创造更多与年青一代的沟通机会，持续保持品牌活力，是脉动思考的问题。

2018年夏，脉动与手机QQ合作，上线了“咸鱼翻身”主题活动，将QQ运动步数作为判断依据，基于目标用户的不同特性进行差异化沟通，强势“圈粉”“95后”“00后”，成功地与年轻用户群体零距离对话。

识别咸鱼，精准细分目标人群。手机QQ拥有8.03亿月活，其中以年轻用户居多，与脉动目标人群高度契合。作为手机QQ用户的运动管理平台，QQ运动每天都会出现数亿用户同步走路的步数数据，脉动首次创新应用QQ运动步数，根据人群属性进行差异化沟通，将每日步数低于2000步的人，划分到“咸鱼”一列，实现了精准识别。

咸鱼翻身，吐槽大咖戳痛点。李诞，在年轻人群体中有着广泛的号召力。在“李诞吐槽咸鱼”的创意H5中，运用语音合成技术，李诞念出了每位用户的用户名与步数，直接吐槽每一条小“咸鱼”，带来与吐槽大咖零距离接触的体验感，引来“鱼群”强势围观，创下了1300多万次H5访问量，邀请李诞吐槽好友的点击量多达44万次，最终生成400多万条定制化视频，带动社交裂变，让脉动品牌深入人心。

包抄咸鱼，强势资源不放过“漏网之鱼”。QQ运动公众号作为活动入口，手机QQ资源强势配合的资源矩阵，实现了由点及面的全方位资源触达，最大限度地覆盖目标人群，强势资源助推，引爆了活动沸点。

脉动联合QQ，以QQ运动为主阵地，将运动场景与功能性饮料行业巧妙结合起来，借助娱乐性绝佳的吐槽，成功地将走路发酵为一场“咸鱼翻身”的社交“硬仗”，争取到了年轻用户、输出个性化内容，实现了差异化沟通。

品牌之所以成为品牌，不仅在于实现了多少销量与利润，更多的是提供给用户的价值，镌刻在用户心中的印记，甚至包括品牌对社会的意义。

个性化营销是把用户当作个人来进行沟通，期望改善用户体验，推动销售收入。这种营销方式巧妙地避开了中间环节，重视产品设计创新、服务管理、企业资源的整合经营效率，促进了市场的快速形成和裂变发展，是企业制胜的有力武器。

大数据时代，用户能够更加直观地感受到个性化营销的魅力。如今，新消费格局已经形成，品牌营销已经进入人“心”，品牌要巧妙运用营销“加减法”，满足用户日益个性化的需求，创造产品新的核心竞争力，真正赢得更多用户的心。那么，如何才能制定个性化营销策略呢？

（1）给用户真正需要的。如今，网购非常普遍，且极为方便快捷。其实，电商平台在诞生之初就是为了满足用户的个性化需求。当用户在网页上浏览商品时，平台就会凭借大数据为用户推荐他们所需要的商品。如此，用户就会喜欢上这样的购物模式，于是，电商平台如雨后春笋般出现在用户面前。只有给用户提供他真正需要的产品或服务，让他们真切感受到定制化的内容服务，才能促使他们买单。

（2）在最恰当的时机给用户。如今，广告营销已经泛滥，用户随时随地都在接受着广告的骚扰，很容易产生厌烦心理。品牌要以用户的视角去思考问题，在他们真正需要的时候出现。比如，麦当劳的广告，经常会出现在机场、火车站、汽车站等最明显的地方。因为这些地方的人流量非常大，多数旅客都不会长时间地享受美味，麦当劳的广告就恰到好处地提醒用户，让其驻足并购买。

（3）随时随地为用户提供服务。如今的营销，已经不再停留在产品和品牌层面，卖给用户更多的是服务。

很多品牌为用户提供了“会员服务”，尤其是在生日、店铺周年庆的节点，更会为用户发送一个暖心祝福，并把专属的会员服务告诉用户。如此，用户就会觉得，这是为他提供的“专属服务”，从而在没有需求时也会前去购买。简而言之，个性化营销就是要为用户提供高价值的信息和体验，会员制就是一个很好的例子。

个性化营销是未来品牌开拓更大品牌空间的一棵大树：用户作为“人”的需求是其生长的根脉，数字等新技术为其开枝散叶不断提供给养，而在用户那一端的人性化体验与感知便是品牌辛勤耕耘结出的果实。

三、新媒体时代，创造内容营销新玩法

互联网时代，信息大爆炸，但优质的信息并没有完全得到满足，这部分信息的空缺就为内容营销的倡导者提供了机会。

随着互联网的崛起，时间和空间的界限被打破，人们消费的地点不再拘泥于同城，甚至不再拘泥于同国；信息不对称的僵局也被打破，各信息渠道遍地开花，用户可以了解到的信息浩如烟海。至此，规则发生了颠覆性改变，用户体验越来越受到重视，“内容为王”以压倒性的姿态夺走了最佳营销的桂冠。

相信，很多人都对“小猪佩奇”这四个字不陌生，这只长得有点像吹风机的粉红色小猪确实占据过流量风口，造就了一次成功的话题营销。

那么，《小猪佩奇》为何能火？虽然对于这件事，《小猪佩奇》运营总监表示：“这绝不是我们设计的，也不是我们想要的。”但是，我们依然可以从中探讨小猪佩奇爆红背后的商业逻辑和成功的方法论，为品牌和商家获得一些营销灵感。

《小猪佩奇》的营销案例，可以归之为内容营销。

对于“内容营销”这一概念，部分人并不熟悉，内容营销正处于黄金时代。对于内容营销，可以理解为：它帮助用户与商家之间构建一个更好的沟通通道，建立感情，建立信任感，使商家和用户之间建立更牢固的关

系，让商家更好地留住用户。

拿具体的某一产品来讲，一个卖拖鞋的商家，主打防滑拖鞋，仅宣传“我的拖鞋很防滑”类似的文字，效果就会显得一般。这时候，完全可以多一些创意：两队人马站在一块涂满了肥皂液的玻璃上拔河，甲队穿着商家拖鞋，乙队穿着普通拖鞋。相比较，前者少了第二种视频方案的感染力。这就是内容营销。

内容营销是一种企业的战略营销方法，可以真正把内容营销转化为对用户有价值的信息和服务，吸引用户的注意力，打动用户的心灵，实现商业转化。

如今，在营销领域，已经有千万品牌开始践行内容营销。信息泛滥，产品众多，注意力成了最稀缺的资源，在这样的环境下，没人性的“硬广”无法再生存下去，只有专注于耕耘内容的品牌，才会一路猛超。

所谓内容为王，可以分为三个方面，如表 8–2 所示。

表8–2　内容为王的主要内容

内容	说明
渠道内容化	过去，渠道的功能是物理属性，把产品放到用户眼前，让用户购买；而现在，渠道的功能不仅是摆产品，更重要的是吸引用户来体验，让用户认可品牌，达到营销效果，商场上经常见到的苹果体验店就是这个道理。打造线下渠道的内容性和趣味性，是未来一段时间渠道发展的方向。以知乎为例，作为一个在线上深耕的社区平台，它已经意识到线下流量的重要性，着手打造线下产品，比如，跟亚朵酒店一起办了亚朵知乎酒店，酒店内部随处可见知乎平台上网友提供的精彩知识，既给用户提供了新鲜感，又不喧宾夺主
产品内容化	信息时代，口碑的力量被放大。只要你的产品做得好，做得有特色，即使没有铺天盖地的广告，也会因为核心粉丝的口口相传而拓展开来。“酒香不怕巷子深”放在以前可能不太现实，但放到现在是绝对有可能的，许多坚持高品质的品牌都在互联网的浪潮中被网友们的火眼金睛挖掘，成为一时无二的抢手货，比如阿芙精油、三只松鼠等都是这样成长起来的

续表

内容	说明
传播内容化	在转型的过程中，传统企业通常都会遇到一个问题：无法拉近和用户的距离。原因之一就是，他们的对外文案，内容不接地气、太过严肃。文案做得最“清新脱俗，深入群众”的企业，当数阿里巴巴的支付宝。从最初的支付平台，拓展到承包百姓生活中的大事小事，支付宝用52幅素人海报和一条30秒短视频，让产品功能变得通俗易懂

快节奏的现代生活，营销变得更艰难，也变得更简单，内容成了各品牌竞争的关键因素，要想在这场刀光剑影的厮杀中存活下来，就要用更加开放的态度迎接用户。

内容营销时代的新玩法如下。

玩法一：软文。在移动互联网的时代，冷冰冰的硬广早已不足以吸引大家的目光，只有把内容做得好玩、有深度，才能带来更多的关注。这时候，就可以将品牌及品牌故事，撰写成软文，让别人了解品牌背后的故事，了解品牌历史，在潜移默化中喜欢上这个品牌，相信这个品牌，最终购买。

比如，用户购买了一款名叫“爸爸的选择”的纸尿裤，在众多日韩欧美的纸尿裤品牌的夹击下，用户选择了这款国产纸尿裤，最主要的原因就是他看了一篇有关“爸爸的选择”纸尿裤品牌创立背景的软文。这篇文章主要讲述的就是“爸爸的选择”品牌创立背后的故事：三个超级奶爸发现目前的纸尿裤市场被众多的日韩欧美品牌所占领，没有在市面上看到合适自己宝宝的国产纸尿裤。为了孩子，决定自己研发一款适合中国宝宝的纸尿裤。

玩法二：图片。快节奏时代，人们一般都没有时间去阅读长篇大论的文字，图片内容营销的形式就应运而生并逐步流行起来。如今，人们的时间越来越碎片化，图片则比软文更简洁、更高效，能够让受众在碎片化的时间内阅读并迅速消化吸收。

图片营销的形式也十分的多样化，可以紧随热点。例如，《垃圾分类管理条例》的推行就引起了一股热潮。尤其是上海，见面打招呼时很多人都会先问一句："你是什么垃圾？"在微信里搜索"垃圾分类图鉴"时，就会出现一系列有趣的漫画。漫画一般包含人物和故事，故事性的内容往往最具吸引力。这样的图片内容形式有趣、内容新颖，大家也更愿意在朋友圈传播，更容易扩大影响力。

玩法三：视频。视频形式的内容营销也是掏空用户钱包的罪魁祸首之一！

用户经常会看到一些视频，虽然知道它是广告，但依然愿意转发——因为有深意、有趣味、有内容。

创意视频也有很多，比如，"999 感冒灵"拍摄过一则广告《总有人偷偷爱着你》。整个视频都在叙述生活中感人的故事，最后才出现了"999 感冒灵"的品牌广告语"暖暖的，很贴心"。擦着眼泪看到最后，才发现这其实是一则广告。这种冲击力，让人们之后只要看到"999 感冒灵"，就会想起这则广告。

四、打造内容电商，颠覆传统内容变现渠道

过去电商几乎是低价便宜的代名词，但随着用户消费能力、消费习惯，以及对电商渠道的依赖程度上升，价格已经不再是影响用户做出消费决策的唯一因素。相比于过去，用户在电商消费时影响决策的因素越来越多。一方面，移动互联网的流量红利空间越来越小，但电商领域的创业者依然在前赴后继，新的电商渠道品牌依然层出不穷，让原本作为流量消耗端的电商更加需要新的、不同以往的获取用户的方式。于是，“内容电商”也就成了最近两年很热的名词。

内容电商自带流量，优秀的内容本身就是吸引用户注意力的重要手段。在过去，内容经济是注意力经济，用户的注意力最终都会被引向广告；互联网打通流量闭环后，内容产生的流量可以直接被引导至电商，不需要再经过广告环节的转换，甚至在内容中本身就已经植入了广告，潜移默化地影响了用户的消费决策。

另一方面，用户需要通过内容的引导刺激才能成为客户。时下的电商，早已不再是过去的爆款商品。连曾火爆一时的“9块9包邮”类商品，在最近两年也纷纷偃旗息鼓，内容电商成为帮助用户发现新奇、优质商品的重要渠道。

在这样的大背景下，内容电商悄然崛起。

内容电商并不仅仅是简单的网红微博或直播卖货，更大的量来自基于信息流内容带来的电商消费。信息爆炸的时代，用户更希望用更“懒”的方式去获取信息，内容服务也变得闭环化。

事实上，随着流量价格的不断高涨，对优质流量的深化变现成为主旋律，对于处在整个商业变现环节最下游的电商来说，更是如此。这也是众多电商平台纷纷接入内容平台的主要原因。

在百度与京东合作的“京度计划”执行后，百度和京东打破平台界限，使用户实现了形成购买意图到最终完成购买的无缝对接。

过去，在电商搜索这一领域，由于阿里限制搜索引擎抓取，使得其自成一套商品搜索的流量体系。但随着百度在内容生态建设上的不断投入，除了原本的搜索流量，内容信息流带来的流量也成为百度流量池重要的组成部分。

2016年李彦宏便提出，百度将“不只索引内容，更要建设好内容平台”。百度拥有全网最全的用户搜索标签和行为特征，基于人工智能技术，信息流能通过年龄、性别、兴趣爱好、地理位置等刻画用户群体标签，能够进行精准的信息推送和个性化推荐，实现“不搜即得”。

通过“内容+服务”为电商赋能，百度在内容创作者和企业之间搭建了一个内容采买的整合平台手机百度“买呗”频道，让电商企业能够找到精准的流量，降低流量获取成本；另外则能帮助内容创作者更好地内容变现，并以CPM、CPS的方式获取收益。

在“双十一”购物季，“买呗”频道曾强势入局，推出“百度带你玩转11·11”活动，揽尽京东天猫超级优惠、超心仪商品，从大牌到潮品一应俱全，不仅有五折还包邮，限时秒杀物美价廉，还联合京东淘宝推出了百度专属优惠券，让百度用户享受折上折叠加优惠；通过手机百度信息流内容和电商购物的结合，用户获得了更愉悦的体验电商生活。

对于用户来说，商品的信息流广告也不是一种打扰，因为在百度的产品设计中，一件商品的信息流广告出现在用户的手机屏幕上，需要进行7个维度的匹配，包括：用户个人的搜索行为、用户本身的画像，以及用户兴趣甚至贴吧关注内容的匹配度等。

显然，在内容电商的浪潮之中，百度已经站在了一个很重要的位置上。

在内容电商的浪潮中，百度抓住了新机会。

如今，内容创业已经不是一个陌生的词语，很多企业、自媒体凭借着微信公众号的运营，获得了不菲的收入，尤其是在电商领域，越来越多的垂直内容电商正在悄然崛起。而到了今天的移动直播时代，越来越多的网红开始借助自己的直播平台营销产品，更将内容电商推向了新的高潮。

2020年电商领域的最大变化之一，就是内容电商的崛起，品牌和商家在内容电商平台找到了新的生意机会。如今，从日用产品、美妆产品到汽车交易，都可以在内容电商平台完成。

所谓内容电商，就是用内容来运营电子商务。内容的形式多样化，可以是图片、视频和文字。在内容的表达和传递中，可以告诉用户商品的特点、优势、体验和品牌文化等。内容电商给用户塑造了一个可以身临其境的场景，使用户不知不觉地被引流和消费。

那么，目前的主要内容电商平台有哪些呢？如图 8-1 所示。

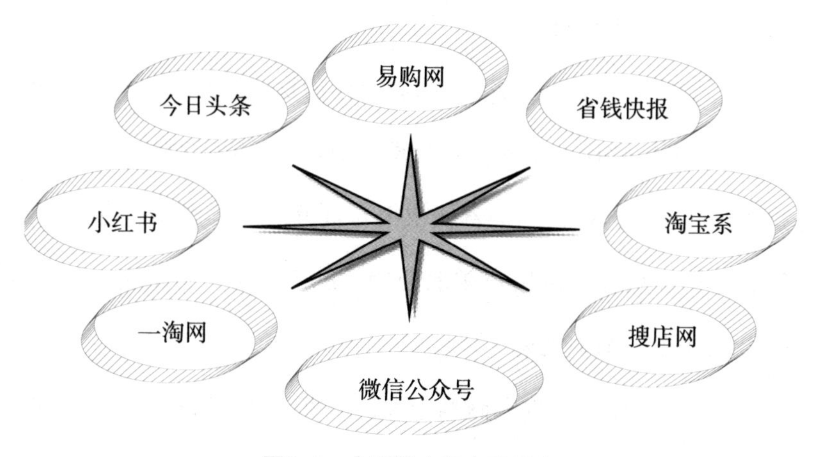

图8-1 主要的内容电商平台

（1）小红书。小红书 App 是年轻人的生活方式平台。在这里发现真实、向上、多元的世界，找到潮流的生活方式，认识有趣的明星、创作者。2.2 亿年轻用户每天都要分享海量的服饰搭配、美妆教程、旅游攻略、美食测评，让你轻松升级为潮流生活老司机。

（2）今日头条。每天刷头条的时候也许已经发现，头条有的文章里有插入商品，且可以直接点击购买。开始，达到一定要求的头条号，还能开通商品功能。该功能支持插入淘宝、天猫、京东、有赞的商品链接，产生交易后，作者和平台都能赚取佣金。如今，头条已经上线了自己的电商平台——放心购，用户可以边浏览资讯边购物，头条也摇身变成了内容电商平台。

（3）易购网。易购网成立于2004年，是中国最早的、规模最大的网上购物垂直社区，可以为网民提供比较购物、购物返现、导购资讯、网购社区等服务，会聚了众多成熟、活跃、忠诚、有影响力的网购用户。易购网是目前中国最大的比价返现导购网站，每个月都能为400多家B2C、C2C网站带去巨大的营销额。

（4）省钱快报。省钱快报是一家综合性购物应用网站，设定了基于用户的多平台收藏、评论、个人信息管理等功能，可以随时随地通过分类快速过滤最新最热的折扣信息。省钱快报与百万淘宝天猫等一线商家合作，每天都会选择优惠券，供用户领取使用，品类齐全，再加上人工辅助筛选，更能帮助用户网购省钱。

（5）淘宝系。作为国内电商的老大，阿里一直在探索电子商务的下一个风口，只要察觉到新的机会，就会迅速投入试水，对待内容电商平台的态度也是这样。如今，淘宝内容电商的布局已全面展开，包括淘宝社区、淘宝头条、淘宝直播、有好货、每日好店等。

（6）微信公众号。想做好微信公众号电商，就要有很强的内容选取、生产以及运营能力，但因为微信是一种封闭生态，如果公众号没有大基数的粉丝群体，电商也就无从说起。最典型的例子就是"罗辑思维"，粉丝上千万，自然就能在公众号卖商品了。

（7）一淘网。一淘商品搜索是淘宝网推出的一个全新的服务体验，其立足淘宝网丰富的商品基础，放眼全网的导购资讯，主旨是解决用户购物前和购物后遇到的种种问题，能够为用户提供购买决策、在最短的时间里找到物美价廉的商品。

（8）搜店网。搜店网是一家以电商搜索和导航为主的主流电商门户网站，集合了几乎所有品牌电商和电商平台的优惠商品和信息，以及商品说明、商品行情、识别假货等优质消费内容，可以帮助用户省钱购物，降低决策成本。

第九章

品牌联动，资源整合，为品牌力持续加码

一、品牌跨界，玩转营销新时代

在休闲卤制品行业，一直以来，周黑鸭都是一个特别的存在，无论是精品零食的定位，还是名目繁多的营销，都有许多值得称道的地方。

2019年年关，周黑鸭和小红书合作，举办“新年红运鸭”的活动，邀请各路吃货好友一起参加。这波操作究竟有什么营销逻辑?

20元优惠随便拿。这波营销的第一重惊喜，就是周黑鸭的20元福利券，用户只要扫码登录小红书的周黑鸭页面，看完一支短短的周黑鸭视频，就可以点击红包，拿到福利券。20元正好买一小盒周黑鸭来尝尝鲜。其实，这种福利券，是一种常规的优惠活动，也是一种变相降价。

晒神奇吃法。周黑鸭的用户，可以将自己的特殊吃法发到小红书，供大家取乐或者学习，为新年餐桌增添料理。2月17日之前，用户在小红书发布周黑鸭神奇吃法笔记，点赞数前五名可以获得周黑鸭2019年一年度的吃鸭基金。这波神奇吃法的操作，其实是在体现一种参与感，提升了用户黏性。

过年推出限量包装。周黑鸭还和小红书联手，推出了新年限量包装，为产品增添了不少年味。其颜色，以红色调为主，中间黄色为辅，突出了新年节庆的氛围。中间的内容设计，用了“黑鸭子”形象，加上小红书的“小红薯”形象，增添了不少趣味。

周黑鸭和小红书这次是联合营销，让品牌之间互相助力。

从内容导流上，小红书的优质内容社区分享模式将流量导入周黑鸭线下或电商，为其带来了新的购买力。

从充实内容上来说，周黑鸭的相关词条、热门话题、优质内容的出现，也推动了小红书用户群体多样化。

这种奇妙的反应，正好体现了联合营销的威力。

5G 时代最热的营销模式是什么？当然是品牌联合。

碎片化信息爆炸的时代，品牌越发难以凭借“一己之力”吸引用户的眼球。与其单打独斗，不如联合，于是掀起了一场跨界联合的狂潮。跨界联名款产品，每次出现都能引起一次不小的轰动。举两个例子：

《全职高手》&麦当劳

在《全职高手》这部小说里，涉及的游戏竞技正是当下流行热点，其宣扬的“荣耀、拼搏”精神也与当代年轻人价值观相匹配，受众数量广泛，且大部分为青年，与麦当劳的受众相重合。

抢在动画正式上线之前，麦当劳打造了《全职高手》主题店，从杭州拓展到杭州及其他地区。值得一提的是，这家主题店的建筑外形、构造及布局与麦当劳一模一样，正是动画的取景地。

大 IP《全职高手》与麦当劳的这次跨界营销，既借线上动画推广品牌和产品，又用实体店让动画落地，拉动了销量，实现了二次元与三次元的真实碰撞。

网易云音乐& Innisfree

作为创意营销大户，网易云音乐不会按兵不动，联合 Innisfree 悦诗风吟，以“这一刻，听见了自由”为主题，通过线上网易云音乐 &Innisfree 心声电台，与线下覆盖 Innisfree 门店、旗舰店主题咖啡馆的限量版音乐面膜联动，将音乐延伸到了个人护肤最放松时刻，为用户提供享受、分享音乐的新方式。

此次合作是网易云音乐与口碑、大众点评、亚朵、屈臣氏牵手后，又一次与知名品牌的跨界联动，这也意味着网易云音乐“音乐生活王国”再下一城，在线音乐平台边界再扩展。

如今，“品牌跨界联合营销”已经成为各行各业的营销热词。“1+1>2”会给用户一个新的消费理由，引起用户的好奇心，既宣传了品牌，也可以激起用户的购买力。而且，如今消费的主力军是“85 后”“90 后”，他们边际消费倾向高，强调个性，喜欢分享和表达个人意见，新颖的产品更容易得到他们的青睐；同时，在跟新品牌合作的过程中，大企业也能学习到如何赢得年轻用户的芳心。

任何一个企业都不可能占有所有资源，却可以通过联盟、合作、参与等方式使他方资源变为自己的资源，增加竞争实力。在 5G 时代，联合营销正成为一种瞩目的趋势。

所谓品牌联合营销，就是两个或多个品牌在共担共赢的原则下，在资源共享的条件下，向合作品牌开放营销资源，借以优势互补、实现促进营销、提高品牌的目标。

当然，在市场营销中，也不是任意两个或多个企业就可以实现品牌联合营销，品牌联合营销要遵循以下几个原则，如表 9–1 所示。

表9-1　品牌联合营销的原则

原则	说明
资源共生	资源共生是品牌联合营销的基础。从联合营销的市场资源整合角度来看，联合营销所选择的合作伙伴(品牌)必须符合“资源共存”的要求，即联合营销的品牌之间必须拥有共同的、直接或间接的市场营销资源。比如，面对相似的市场、类同的渠道终端、一致的目标消费群体
利益一致	企业与品牌都是盈利的个体，无论采取何种举措，都是为了利益最大化这一终极目的。从品牌联合营销的市场目的角度来看，联合营销所选择的合作伙伴(品牌)必须是“利益一致”的。因为，联合营销的合作伙伴只有存在共同或接近的市场目的，才能实现品牌利益的最大化
品牌匹配	从维护品牌形象的战略角度来看，联合营销所选择的品牌必须门当户对，即在品牌核心、品牌形象和品牌市场地位等方面必须是匹配的
机会均等	机会均等是联合营销的重要保障，是各品牌开展联合营销的心理底线

当然，品牌联合还有些需要注意的地方：

（1）选择正确的合作伙伴。两个公司有自己的习惯和文化，如果合作双方产生的“化学反应”错了，一切都会失败。成功的诀窍在于，看看合作后双方的利益是否可预见，如果双方对合作持一致意见，成功的可能性就大。

（2）品牌是企业最有价值的资产，如果授权给第三方使用，要仔细考虑和严格控制。在知识产权、商标的使用、品牌推广等方面，双方都应有细致、严谨的规定，以免出现法律问题。

二、打造超级IP，为品牌引来无限红利

随着品牌竞争的日益激烈，品牌营销的手段层出不穷，从“三只松鼠”跨界制作动画，再到罗胖子等自媒体的崛起，IP这个名词出现的频率越来越多。那么，究竟什么是IP？

IP（Intellectual Property）即知识产权，也叫“知识所属权”，指的是权利人对其智力劳动所创作的成果和经营活动中的标记、信誉所依法享有的专有权利。但知识财产本身还不是真正的IP，只是潜藏了成为IP的能量，只有当其被形象化、人格化，并引爆流行后，才算是真正意义上的IP。

超级IP的存在，能够帮品牌在互动、传播和变现等三个领域领先于其他竞品。

碎片化信息时代，供用户选择的资源与媒体形式非常多，品牌想要获得用户的注意，非常困难；同时，大数据与云算法的推动，使得超级IP纷纷出现。

2012年火起来的褚橙红遍大江南北，民间对褚橙的评价有：“褚橙，是一种境界”“尝的都是精神呀”“这哪是吃橙，是品人生”“品褚橙，任平生”……

褚橙的背后是一个创业励志故事。褚时健从烟王到锒铛入狱，再到75

岁重新创业，将一个普通的橙子卖成了“励志橙”。顾客之所以要购买褚橙，并不是因为味道有多好，更多的是想品味和学习褚时健的那股创业精神，那股永不放弃的态度，以此来进行自我激励。

这时候，褚时健卖的已经不是橙子，更是励志精神。在褚时健这个超级 IP 的传奇故事中，为冰糖橙赋予了独特的情感，向用户传递了“传橙 = 传承”“褚橙 = 励志橙”的思想认知，让产品成为用户的情感寄托。

这就是超级 IP 品牌带来的价值体现。

用户对品牌的依赖往往不止于产品，有时精神层面的共鸣或许比产品功能更易触动用户，所以对品牌或产品个性的塑造、对品牌超级 IP 的深度挖掘，尤为重要。

信息爆炸的时代，个体碎片化的时间被海量信息淹没，但真正能留存在用户脑海里的信息容量是一定的。

为什么罗振宇的“罗辑思维”能让人买单？为什么 papi 酱凭借视频就能让人记住？为什么李佳琦一句“Oh my god”就让人印象深刻？因为独特的人格化标签。

在信息光速传播的时代，无论你从事什么行业、身在何种领域，产品、模式都容易被模仿，只有独特的人格化商品与商业才是难以被超越的。只要具有独特的个人化的标签，任何人都无法复制你的成功。

你的 IP 就是你，独一无二；若想无可替代，就要时刻与众不同。

与此类似的是白酒品牌江小白。

白酒自古以来就有，在这个行业里，高端的有茅台、五粮液，低端的有小烧，中间还夹着一大堆品牌，基本没有市场缝隙。可是，陶石泉却发现了市场机会——年轻群体也要喝白酒。他将自己的白酒塑造成了一个个性张扬的文艺青年形象——江小白，年销售额已多达上亿元，且连续3年高速增长。

江小白个性鲜明，被赋予了“简单纯粹”“文艺青年改变世界”“寻找真我”等人物形象，富含时代感和文艺气息，深受青春群体的热捧和喜爱。

这就是IP的力量。

从本质上来说，品牌IP化就是品牌第二形象，将品牌动漫化、公仔化和人物化，形成人格化的Logo或吉祥物。品牌IP化后，就能凭着其与众不同的内容，自带话题势能，自行散播，产生口碑，最终进到用户或用户的生活中，推动业绩的提高，做到商业转现。

如今，流量越来越稀缺，获客成本越来越高，打造个人IP，就能给产品和企业带来附加价值，能让你在睡觉的时候也赚钱，而不必跟别人拼供应链、比价格。

企业如果想要打造自己的IP，该从哪些方面先着手呢？

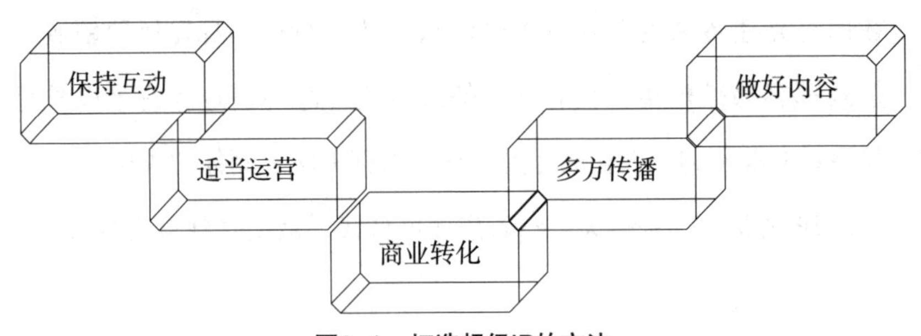

图9-1　打造超级IP的方法

（1）做好内容。不同于美貌和卖萌，内容带来的粉丝质量和黏性要牢靠得多。

好的内容引发的是情感和认同，那什么才算是好内容呢？概括来说就是原创性、真实性、针对性、价值性、积极性、合法性。

只有原创内容才能代表一个人的人格，才有利于形成自己的IP价值；只有真实的内容，才能引起用户的情感共鸣；只有针对性内容，才利于识别和抓住核心用户；只有能带来价值，才能持续吸引用户；而积极性和合法性的内容，才有可能进行大范围传播。

（2）保持互动。互联网时代，内容生产很重要，但粉丝维护和运营才是价值的最终体现。

内容能引起用户的情感共鸣，互动能满足用户的精神体验。每个用户都是产品的主角儿，只有让用户参与进来，才能增加用户对产品消费的黏性，并由此激发产品的口碑传播。

小米的联合创始人黎万强曾说过，小米在媒体上快速引爆的秘诀只有三个：第一参与感，第二参与感，第三还是参与感。用心输出内容、用心对待粉丝、把粉丝当朋友对待、重视线上线下互动，就是个人IP发展壮大的核心。

（3）多方传播。在当今“酒香也怕巷子深”的时代，全面布局、多平台传播，有利于解决人们注意力稀缺和广泛地获取有用信息的需求。随着直播媒介升级，云平台的成熟，网红产业的兴起，以及媒体产业的变革，直播已成为视频的移动互联网代表，也成了最火的信息传递媒介。

（4）适当运营。“优秀的内容＋多平台传播＋适当的运营”，才能使个人IP价值走得更远。基于对IP的认可，可以聚集起一帮有共同群体意识的个体，他们展示出的共同特征，就是我们常说的“用户画像”。他们愿意互动和交流，有持续的传播和裂变能力，而运营能帮他们找到这样的群体，也就是“精准营销”。

（5）商业转化。是个人 IP 发展的必然选择。不具备变现能力的个人 IP，没有长远的发展动力和生命力。先积累再消费，谨慎透支，是资产管理的基本逻辑，也是个人 IP 变现的基本逻辑。

三、撬动品牌杠杆，实现品牌资产螺旋式上升

在这个营销至上的时代，作为企业的无形资产，品牌资产占据着企业营销的重要地位。

品牌资产看得见摸不着，它深深地扎根在每个人心中。当一个企业的品牌资产达到最大化，就会拥有源源不断的客流量和订单涌来，品牌资产也会越来越多。当然，这是在企业不被爆出负面新闻的前提下。总之，品牌资产是企业为产品背书的重要渠道。

“三只松鼠”成立于2012年，仅用了短短几年时间，就迅速成长，奇迹般地成为同品类中的“国货领头羊”。2019年全年销售额突破百亿元，成为当前中国销售规模最大的森林食品电商企业。

“三只松鼠”迅速崛起的背后，当然离不开品牌的力量。

优化用户服务。“三只松鼠”的用户服务，明显区别于其他线上企业。与其他线上企业称用户“亲”等不同，“三只松鼠”的客服化身为松鼠，称用户为“主人”，客服不仅会为用户提供产品问答服务，也可以聊故事、聊心事、提供日常生活提醒等。通过与用户之间的独特沟通和互动，触动用户的内在情感与情绪，加深用户的心理认同感，形成良好的品牌形象。这种客服体系开创了中国电商客服的场景化服务模式，基于此，其团队甚

至还创造了5个客服单日完成千单业务的神话。

多元载体传播。“三只松鼠”在品牌传播上多元载体并行。目前，“三只松鼠”已经形成了“动画、视频、音频、条漫、图文、影视剧植入”等多元化的载体形式，这些多元化载体形成联动效应，增强了“三只松鼠”的品牌传播效果。此外，相较于过去亲戚朋友之间的口碑传播，当前用户可以通过购买评价、微博、微信等平台与亲朋好友分享，传播平台也发生了巨大变化。在当前发达的多种传播平台聚合下，多元化载体强化了用户对“三只松鼠”品牌的联想度，形成了良性的循环传播效果，建立起强势网络品牌资产。

多种渠道共存。电商高速发展，互联网经济蓬勃向前，抓住线上发展机遇，是众多企业的重中之重。崛起于互联网平台的线上企业“三只松鼠”，其发展模式并不仅仅局限于网络平台，近年来逐渐布局线下小店，线上线下高度融合的发展模式也可圈可点。例如，推出的活动“森林大门急着打开”：传说大森林的生物体是松鼠，每年4月时大门就会打开……通过这样的线下活动推出不同系列的产品，不仅极大地提高了“三只松鼠”的趣味性，还提高了品牌知名度。

体验营销为主。电商企业竞争日趋激烈，体验营销为垂直电商企业提供了全新的营销视角和操作模式。“三只松鼠”以体验为基础，开发了新产品和新活动。其一直都在寻找用户购买和食用等体验环节中可以改进之处，契合了用户心理，成功地运用体验营销，在感官、情感、行动、关联等方面给用户带来了全新的购物体验，开创了垂直类电商运作的新模式。比如，用户每次购买产品收到的包裹都不一样，包装袋里有剥壳器、纸巾、夹子等小工具，用户吃“三只松鼠”产品时更便利，体验感更好，极大地提高了用户的品牌忠诚度，并产生了美好的印象。

塑造品牌趣味。“三只松鼠”不仅成功塑造了“好吃”的食品品牌，还重点提高了“好玩”这一趣味性，将自身塑造为“吃＋玩”一体化的综合服务名牌企业。首先，其品牌Logo采用了漫画式的卡通形象，与品牌定位吻合，塑造了一种活泼可爱的品牌形象，容易让用户对品牌产生美好的联想和印象。其次，“三只松鼠”以“萌”形象为品牌定位，整合一系列营销活动，向用户传递了一种休闲、卖萌和森林的总体特征，让用户觉得好吃、好玩、有趣味，进而成为用户生活中的一部分，让“三只松鼠”文化深入人心。

品牌资产是20世纪80年代在营销研究和实践领域新出现的一个重要概念。

20世纪90年代以后，随着发达国家企业兼并浪潮的兴起，品牌资产理论应运而生。通常情况下，品牌资产主要包括品牌忠诚度、品牌认知度、品牌知名度、品牌联想等。换言之，品牌知名度、品牌联想及品牌忠诚度就是品牌资产价值构成的重要来源。这些资产通过多种方式向企业提供价值，在企业成长过程中发挥着重要作用。

在不断优化产品和服务的过程中，“三只松鼠”积极拓展产品领域，逐渐形成了多元化的发展格局。可以预见，未来“三只松鼠”品牌的产品会越来越多，其品牌知名度会越来越高，三只萌萌的“小松鼠”也会更加深入人心。

“三只松鼠”品牌的成功，为品牌资产管理提供了一个范本。其在短短几年时间里迅速崛起，也为我们提供了诸多启示。所谓品牌资产，就是能给品牌带来效益的用户的品牌认知；而品牌资产观，就是一切以是否形成品牌资产、保护品牌资产、增值品牌资产为标准。能，这件事就做；不能，这件事就不做。

品牌资产的包含范围比较广，主要以品牌名称、符号、广告语三项为主，也包括品牌在其他维度的各项内容，就是能给品牌带来效益的用户的品牌认知。在营销实践中，提高品牌知名度、维护用户的品牌忠诚度，形成有效的品牌资产，对于企业来说非常重要。

四、品牌重构与延伸，推动品牌发展进入新生态

品牌的重构与延伸，都能推动品牌发展进入新生态。

先来说说品牌的重构。

随着互联网环境的高速发展，用户接触品牌的方式及购买行为也在迅速变化，品牌主每天都面临着巨大的挑战，比如：品牌的内涵及构建方式是否需要随之变化，企业该如何做才能不错过新的增长机遇？

品牌的本质没有变化，品牌本身不是Logo，更不是一支广告片，归根结底是一种信任，是一种契约精神。正因为有这样的信任，大家才会选择这个品牌购买或复购。

品牌的本质到现在没有发生任何变化，甚至还被加强了；相反，真正变化的是用户。与过去相比，用户知道品牌的时长、了解品牌的触点都发生了变化，用户对品牌的认知路径已从线性变成点状形态；同时，用户的交易平台也非常分散，转化链路缩短，他们像水一般在线上线下流动。

所谓品牌重构，就是通过对品牌与用户的关系、品牌与品类的关系、品牌与竞争品牌的关系、企业内品牌与品牌或产品之间的关系进行分析，重新树立品牌与用户的关系，强化或调整品牌与品类的关联度，优化品牌

在市场竞争中的地位，建立适宜企业发展的品牌架构，推进品牌资产的增值，最大限度地合理利用品牌资产。

站在用户的角度来看，品牌是用户对于某商品产生的主观印象，并使用户在选择该商品时产生购买偏好。

站在企业的角度来看，品牌是企业的代表，是企业产品独一无二的名字和标识，是企业产品与竞争对手产品的差异化符号。

站在品牌管理的角度来看，品牌代表着企业与用户之间的一种关系，品牌是“代表品类的名字”，品类则是用户“心智中的小格子”，是用户心智角度对不同产品的区分。

再来看看品牌的延伸。

随着科技的不断进步和企业研发能力的日益提高，产品的生命周期越来越短，企业必须不断推出新产品来迎合用户多样化的需求、抢占竞争激烈的市场。然而，一个新产品从开发到品牌化，不仅需要漫长的时间，更需要巨额的投入，这并不是每个企业都能承受的。这个时候，就需要进行品牌延伸。

所谓品牌延伸，就是企业将已具有市场影响力的品牌延伸至新产品使用，使新产品利用已有的品牌优势，迅速被市场接受；另外，原有品牌借助新产品推广的时机，重新焕发新的活力。两者相辅相成，使品牌在用户心中的影响更加深刻。

品牌延伸是新产品快速占有并扩大市场的有力手段，是企业对品牌无形资产的充分发掘和战略性运用。具体来讲，品牌延伸主要有这样几个作用，如表 9-2 所示。

表9-2　品牌延伸的作用

作用	说明
降低新产品进入市场的成本和风险	每个新产品进入市场都要经历一个被用户认识、了解、接受和认同的漫长过程。而在整个漫长过程中，产品能否在激烈的市场环境中站稳脚跟，也还是一个未知数。为此，企业为了培养用户对新产品的认可，需要投入大量的人力、物力和财力。而品牌延伸可以借助原有品牌的声誉，使用户迅速识别企业的新产品，消除用户对新产品的抵触心理，并诱导用户对新产品产生同样的好感和美好的印象。如此，就能缩短用户对产品认知的过程，减少新产品进入市场的风险，使新产品迅速、顺利地进入市场，节省新产品进入市场的成本
有利于强化品牌效益	成功的品牌是企业一笔无形的宝贵的资产。在企业发展的过程中，企业往往由单一产品开始，通过品牌延伸向相关领域拓展，从而强化原有品牌知名度和美誉度。同时，每个产品都有自己的生命周期，当品牌产品渐渐消亡的时候，品牌就会慢慢退出人们的视线。采用品牌延伸策略，可以在巩固品牌的前提下，循序渐进地用新产品代替旧产品；又可以用新产品来支撑品牌，延续品牌的生命，保护好品牌这个无形资产
有利于扩大品牌产品的市场占有率	企业的产品结构不随市场环境做出不断调整，企业就会被市场逐渐淘汰，最后走向消亡。企业要根据日益变化的市场竞争需求，将品牌的产品细分，适当调整自己的产品线，以适应各方用户多样、多层次的需求

品牌延伸给不同市场提供了同一品牌下不同的产品，让用户针对同一品牌有了多样化选择的余地，满足用户多样化需求，提高了用户对该品牌产品的购买率，形成了更高的用户忠诚度，扩大了企业品牌的市场占有率。

从以上三点可以看出，品牌延伸在品牌发展过程中发挥了重要作用。那么，如何进行有效的品牌延伸呢？

（1）准确评估现有品牌的实力。品牌延伸是借助已有品牌的形象、声誉和影响力向市场推出新产品。只有品牌具有足够的实力，才能保证品牌延伸的成功。因此，企业是否具备品牌延伸的条件，必须从企业与市场两方面对品牌实力进行客观的评估。在没有多少知名度和美誉度的品牌下不断推出新产品，跟上市新品牌几乎没有多大区别。如果企业实力薄弱，用户也很难信服企业具有开发新产品和品牌延伸成功的能力。

（2）与原有产品保持关联。品牌延伸的新产品应与原有产品属性具有相关性，较高的产品关联度会让用户因为同样或类似的理由而认可并购买某一个品牌。比如，海尔从冰箱延伸到空调、洗衣机时，这些家电产品的关联度较高，自然就容易取得成功。后来，延伸到手机领域，产品跨度太大，相关性较弱，且手机市场强手林立，所以失败在所难免。

（3）符合同一品牌核心价值。品牌的核心价值是品牌的精髓，是用户对品牌的理解和概括。成功的品牌都有其独特的核心价值，若延伸的新产品符合品牌核心价值，就可以大胆地进行延伸。在品牌延伸时，如果新产品背离了原品牌核心价值，就会引起用户的迷惑甚至不满，最终淡化或稀释掉品牌个性。

（4）品牌延伸要适度。品牌延伸不但加速了品牌认知的过程，同时也降低了产品的市场风险。所以在品牌快速发展阶段，品牌延伸经常会被使用。但任何品牌的延伸也要有个“度”，品牌延伸不能只追求数量，更应该注重质量，要努力培养核心产品。如果能够把几个产品做大做强，那么将远远胜过多个没有影响力的产品。

附录：柳家俊《营销管理》中的一些观念

杰出的营销管理者都有一个共同的目标：市场营销以顾客为中心。今天的市场营销就是在数字和社交网络日益发展的迅速变化的市场中创造顾客价值和建立营利性顾客关系。

每天，市场中都会发生巨大的变化。惠普公司的理查德·莱福（Richard Lovs）观察到，“变化的速度是如此之快，以至于应对变化的能力现在已经成为一种竞系优势”。富有传奇色彩的纽约扬基队接球手和管理者尤吉·贝拉（Yogi Berra）言简意赅地总结道：“未来可不同以往。”市场在变化，为其提供服务的人也必须随之改变。

● 数字时代：网络、移动和社会媒体营销

数字技术的迅猛增长彻底改变了我们的生活方式——我们如何沟通、分享信息、娱乐和购物。据估计，30 亿人——世界人口的 40%——是网民。

大多数消费者被数字技术包围着。

消费者对数字和移动技术的热爱和追逐为营销者吸引顾客参与提供了沃土。所以不必惊讶，互联网、数字技术和社交媒体的进步已经给营销界带来改天换地的变化。

数字和社交媒体营销（digital and social media marketing）涉及运用数

字营销工具，诸如网站、社交媒体、移动广告和应用、网络视频、电子邮件、博客和其他数字平台，随时随地吸引消费者借助他们的电脑、智能手机、平板电脑、网络电视机和其数字设备参与和投入。

● 社交媒体营销

很难找到一个品牌网站，甚至一则传统媒体的广告没有提供该品牌与脸书、推特、Google+、领英（LinkedIn）、YouTube、Pinterest、Instagram和其他社交媒体网站的链接。社交媒体提供令人兴奋的机会拓展顾客参与和让人们谈论品牌。

● 移动营销

移动营销也许是数字营销平台中增长最快的。

● 变化中的经济环境

在如今易受多因素影响的时代，消费者的收入和支出有所回升。但是，即使经济复苏，人们也没有重拾以往随心所欲的支出方式，而是显示出数十年来首次对节俭的热情。

理智消费占了上风，而且显然会持续下去。新消费者消费价值观强调更简单的生活和更节省。

全球新冠肺炎疫情带来了经济下滑以及消费习惯的改变。